分析・測定データの
統計処理

分析化学データの扱い方

田中秀幸 [著]
高津章子 [協力]

朝倉書店

はじめに

　近年，コンピュータが身近なものとなり，測定データに統計処理を施すことも以前と比べ非常に手軽になっている．また測定装置によっては，取得したデータに対して自動的に統計処理を施し，その結果を算出してくれるものすら存在する．しかし，測定データに統計処理を施し，必要な情報を抜き出すにあたっては，ある程度その統計的手法に対する知識がなければ，本当は適用してはいけないような状況であっても，ある統計処理を施してしまったり，算出された値に対して過大な信頼を置いてしまったりと，不具合を生じさせてしまう原因となる．

　筆者は，大学生時代に統計の専門的な教育を受けたわけではなく，測定についての研究を行っており，測定データをどのように解釈するか，という部分においてあくまでもごく限られた統計的手法を利用するだけであった．しかし，現在の仕事をすることにあたり，統計について参考書を用いて独学したり，またはほかの人からいろいろなアドバイスをいただいたりと，様々な方法によって学習し，ある程度の知識を付けることができた．その際重要だったのは，統計の数学的な知識ではなく，その統計と測定データをどのように結び付けるのか，ということであった．統計的手法によって導き出された結果を測定の知識から俯瞰してどのような意味合いを持つのか考察したり，またその逆に測定データを統計的手法の立場から観察することによって測定に関する新たな知見を得たりするなど，統計的手法と測定に関する知識を融合させることが一番重要であることがようやくわかってきた．

　本書は測定データに対して統計処理を行ううえで非常に基本的な統計的手法についてできるだけ易しく解説することを目的としたが，それだけではなく，統計的手法ができるだけ読者にとって実感を持って身に付けることができるか，ということを最重要視し本書を著した．例えば，私の昔の理解においては

「標準偏差」とは，測定データから平均値を引き算し，それを2乗したものの和をとり，自由度で割ったものの平方根，というものであったが，それでは実感を持って標準偏差を知ったことにはなかなかならないだろう．今の筆者の理解では，標準偏差とは（厳密には異なるが）測定データのばらつきの平均値である．繰返し取得された測定データはばらつきが含まれる．個々のデータによっては大きなばらつき，小さなばらつきを持つものが存在する．それらのばらつきの平均的な大きさが標準偏差である．そう考えると，標準偏差も実感を持って理解できるのではないだろうか．本書ではできる限りこのように統計的手法によって得られた情報について実感を持って理解できるように心がけた．

本書のターゲットとするのは，測定を行っているが，データに対してどのような統計的手法を当てはめればよいのか，統計的手法を当てはめはしているものの，なぜそのような統計的手法が当てはめられるのかがわからない，といった現実に測定に従事している方々，測定の不確かさ評価におけるタイプAの評価（一連の測定によって得られた測定値から統計解析によってばらつきを評価する手法）についての統計的手法について知りたい方々，または大学の教養課程に所属している方々くらいを想定している．レベル的には高校卒業程度の数学を知っていれば内容を理解できるように配慮した．しかし1つだけ，高校レベルから逸脱してしまった内容がある．それは偏微分である．ただし，偏微分は微分される関数に複数の変数が入っているというだけであり，実際に偏微分するときには偏微分する対象の変数以外は定数だと考えて行えばよいことから，申し訳ないが含ませていただいた．

私自身統計を独学していてたまに困ったのは，ある式が変形され，次の式が導出されるはずであるが，その導出過程がよくわからない，ということであった．本書ではその経験をもとに，式変形についてできるだけ丁寧に途中の式を抜かさずに記述することとした．そのせいで内容が冗長であることも否めないが，理解はしやすくなっているはずだと考えている．ただし，回帰分析の章では導出が複雑な式が多く存在するので，その部分だけは巻末付録Aに参考資料として別出しさせていただいた．

わかりやすさのために厳密さを欠いている記述が本書内には多数ある．その点に関しては今後さらに統計について学習したときに専門書にあたっていただ

きたい.

　本書は第2から5章に演習問題を数問ずつ付けてあるが，本書の演習問題は単なる計算問題は載せていない．演習問題の部分もさらにその統計的手法を奥深く知るための内容を含むように配慮した．よって，演習問題を解く時間がない方も演習問題の解答の方は確認していただきたい．

　各章には私がこれまで統計を勉強してきたうえで知った興味深い話をいくつかコラムとしてまとめてある．さらなる統計の理解にも役立つと思われるので，是非参考にしてほしい．

　本書では実測データに基づいた測定例をいくつか紹介しているが，例であげたような測定を行った結果，通常そのくらいの値になる，ということを示しているわけではない．あくまでも例である，ということを留意してほしい．

　参考文献として，近藤良夫，舟坂　渡編『技術者のための統計的方法』（共立出版）と，日本工業標準調査会適合性評価部会『測定における不確かさの表現のガイド』（（一財）日本規格協会）を用いた．両書とも内容だけでなく，統計，測定に関する考え方などポリシーについても非常に多く参考にさせていただいた．また計測管理については，『環境計量士への近道（上）』（（一社）日本環境測定分析協会）を参考にさせていただいた．

　最後に，本書の作成にあたり，総合的な内容の方針についての多くのご助言，各章の緒言のご執筆，化学分野事例の幅広い収集など，多大なご助力をいただきました（独）産業技術総合研究所　計測標準研究部門所属　高津章子総括研究主幹に感謝いたします．また，事例について非常に有用な助言をいただいた同所属　松本信洋主任研究員，阿子島めぐみ主任研究員，本書の校正・統計について助言をいただいた同所属　城野克広主任研究員に感謝いたします．

2014年8月

著　　者

目　次

1. 測定データを扱うにあたって··1
　1.1　実験計画と計測管理　1
　1.2　「かたより」と「ばらつき」　6

2. 統計の基礎について··8
　2.1　母集団と標本　8
　2.2　確率分布と離散分布・連続分布　12
　2.3　離散分布の期待値について　13
　2.4　連続分布の期待値について　18
　2.5　連続分布の平均，分散について　23
　2.6　母分散と標本分散　28
　2.7　相　関　36
　2.8　誤差・不確かさの伝播則　43
　演習問題　50

3. 正 規 分 布···52
　3.1　正規分布と関連する確率分布　52
　　3.1.1　正規分布　52
　　3.1.2　t-分布　58
　　3.1.3　F-分布　61
　3.2　正規分布を用いた母平均の区間推定について　64
　3.3　正規分布を用いた母平均の検定　67
　3.4　t-分布を用いた母平均の区間推定について　75
　3.5　t-分布を用いた母平均の検定について　78

3.6 両側検定と片側検定　79
演習問題　84

4. 分散分析　86

4.1 分散分析の基礎　86
4.2 分散分析の構造　89
4.3 全変動，級間変動，級内変動　91
4.4 全変動，級間変動，級内変動の自由度　93
4.5 級間分散，級内分散の期待値　95
4.6 分散分析を用いたときの検定　101
4.7 標準物質への値付けとそのばらつきの大きさの推定　103
　4.7.1 標準物質への値付け　103
　4.7.2 ある瓶の濃度のばらつきの算出　104
演習問題　107

5. 回帰分析　108

5.1 最小二乗法の基礎　108
5.2 パラメータの分散の推定　111
5.3 回帰直線の推定精度　114
5.4 相関を考慮しない一次回帰式のばらつき　118
5.5 回帰直線を利用した測定を行った際のばらつきの評価　121
　5.5.1 逆推定　122
　5.5.2 測定結果が回帰直線の x 切片から求められる場合のばらつき　126
　5.5.3 測定結果が回帰直線の y 切片から求められる場合のばらつき　128
　5.5.4 測定の際にブランクを用いて測定値を推定するとき　130
演習問題　134

付　　録 ··· **136**
　A．参 考 資 料　136
　B．演習問題解答　142
　C．Microsoft Excel を用いた統計解析　159
　D．付　表　171

索　　引 ··· **177**

　コラム 1　測定結果として用いられる値について　17
　コラム 2　様々な統計量と不偏推定量　34
　コラム 3　ガンマ関数について　47
　コラム 4　F-分布の平均，メジアン，モード　63
　コラム 5　標本標準偏差の推定精度　81
　コラム 6　分散分析とランダム化　106
　コラム 7　直線以外への回帰について　133

1. 測定データを扱うにあたって

　統計解析を伴う「測定」といえば，最初に思い付くのは試料中のある成分濃度を求めるといった定量分析であろう．一方で，化学実験のいろいろな場面で「測定」には遭遇する．天秤で試薬の質量をはかる，pHメータで溶液のpHを測定する，メスシリンダーで水の体積をはかる，ピペットや全量フラスコ，ビュレットを利用して溶液の体積をはかりとるなどである．そのような場面においては，例えば測定を繰り返してばらつきを評価するようなことはあまり意識されていないかもしれない．しかし，例えば，試薬をはかりとるのにどのような仕様の天秤を用いるかや，体積をはかる際にどの器具を用いるかを選択するうえでは，それぞれの機器や器具がどのくらいの精度や許容誤差を持っているかを考える必要がある．すなわち，これらも測定であることに何ら変わりなく，この章で述べる，測定の目的を考えることがまず第一歩である．

1.1 実験計画と計測管理

　測定データに統計処理を施す目的は，測定データに含まれる必要な情報を効率よく取り出し，その取り出された情報を用いて所期の目的を達成することである．つまり，統計処理は測定データに含まれる情報を取り出す手段であって，測定データに必要な情報が含まれていなければ，いくら高度な統計処理を施したところで必要な情報を取り出すことはできない．また，必要な情報が測定データに含まれていたとしても，その情報が統計処理によって取り出すことができない形で含まれている場合もしばしば起こる．これらは当然の話であるが，漠然と測定を行って測定データを取得するとこのようなことがよく起こる．

　例えば，次の簡単な例を考えてみよう．ある物質の製造装置を購入したいと

表1　よくある実験の順番

装置＼回数	1	2	3	4	5
装置A	1番目	3番目	5番目	7番目	9番目
装置B	2番目	4番目	6番目	8番目	10番目

表2　実験が行われるタイミング

装置＼回数	1	2	3	4	5
装置A	月曜午前	火曜午前	水曜午前	木曜午前	金曜午前
装置B	月曜午後	火曜午後	水曜午後	木曜午後	金曜午後

表3　実験のランダム化

装置＼回数	1	2	3	4	5
装置A	月曜午前	月曜午後	火曜午後	木曜午前	金曜午前
装置B	火曜午前	水曜午前	水曜午後	木曜午前	金曜午後

考えている．候補にあがっているのはA社製とB社製の製造装置である．とりあえずA社，B社からその製造装置を借り，どちらの装置で製造される物質がより目的にかなっているかを調べてみたいと思う．また，どちらの製造装置もある物質を製造するのに半日かかるとする．このとき，実際に装置で製造を行い，生産された物質の特性評価を行う順番は表1のようになることが多い．

　この実験の順番は問題が出るようなものだとは思えないが，しかしこのような実験の順番は行ってはいけない典型的例である．この実験を月曜日の午前中から行うことにすると，ある物質を製造するのに半日かかることを考慮すると実験が行われるタイミングは表2のようになる．

　これを見ると，装置Aで製造されるのはすべて午前中であり，装置Bだとすべて午後となる．そうすると，装置Aで製造された物質と装置Bで製造された物質の特性が異なっていたとしても，それは本当に装置の違いが由来で特性が異なるのか，午前・午後に製造したことが由来で特性が異なるのかが判断できない．これが先ほど触れた，必要な情報が測定データに含まれていたとしても，その情報が統計処理によって取り出すことができない形で含まれている場合の典型例である．これを避けるためには実験の**ランダム化**を行う必要がある．これは，実験を行う順番をランダムにする，ということである．つまり，

乱数表などを用いて実験の順番を決定する必要があるということである．では，例の実験の順番をランダムに決定した場合の実験が行われるタイミングの一例を表3に示す．

このように実験をランダム化すると，装置A，装置Bによって製造されるタイミングは，午前・午後が同数程度含まれることが期待できる．これであれば，装置A，装置Bで作成された物質の特性を純粋に比較することができるようになる．

つまり，今の話をたとえ話で置き換えると，測定データが「写真」，統計的手法が「虫眼鏡」といえるだろう．写真の細部を虫眼鏡でもっと詳細に見たいと思っても，そもそもその写真がピンぼけしていたら，いくら虫眼鏡を使っても，高級な顕微鏡を使っても詳細は絶対にわからない．またものすごく高精細なすばらしい写真が撮れていたとしても，その写真に本当に見たいものが写っていなければどうしようもない．つまり，どんなすばらしい統計的手法を知っていたとしても，データの質が低いのであれば，情報は何も取り出せない．

このように，実験を行う前に入念に実験計画を練り，所期の目的を達成できるかどうか判断したうえ実験を行うことは非常に重要なことである．これらの技術は**計測管理**の手法と密接に関わりがあり，質の良いデータを取得するために必要不可欠なものである．

計測管理を考える前に「計測」とはいったい何であるかを見てみよう．計測関連の用語に関するJIS規格であるJIS Z8103：2000 計測用語には，
「計測…特定の目的を持って，事物を量的にとらえるための方法・手段を考究し，実施し，その結果を用い所期の目的を達成させること．」
と定義されている[1]．つまり「計測」とは，測定を行ってデータを取る，とい

---

[1] 通常「計測」と「測定」は区別されて使われることは少ないが，計測関連用語を規定しているJIS規格であるJIS Z8103：2000 計測用語に「測定」は，「ある量を基準として用いる量と比較し数値または符号を用いて表すこと」と定義されている．つまり「計測」は全体の活動，「測定」は測るという行為そのものを表す．英語では「測定」に対応する英語はmeasurementであり，ほぼ意味は同じである．ただし「計測」はmetrologyが訳語としてよく用いられるが，意味は「測定の科学およびその科学の応用」であって微妙に日本語とは異なる．さらにmetrologyの訳語として「計量」が用いられることもあるが，日本語の「計量」は計量法で定められた測定（法定計量・英語ではlegal metrology．家庭用水道メータの検定など）の意味を含む場合に使われることが多く，日本語と英語が完全に対応しているわけではない．

うことだけではなく，どのような目的でデータを取得するのかということを明確にし，その目的を達成するためにはどのようなデータが必要なのかを決定し，そのデータを取得するための方法，手段を考え，測定装置などの整備・管理法の設定を行い，その後測定を行ってデータを得，そのデータに統計解析などを行い，その解析結果を用いて最初に設定した目標を達成すること，ということである．よって「計測管理」とは，目的の明確化，測定計画，測定データの解析方法，解析結果の利用方法まで，すべての活動を管理するということである．

　次にこの計測管理の各段階をもう少し詳しく見てみよう．測定を行うときに最初にしなくてはならないことは測定目的の明確化である．例えばある畑の土壌中に含まれる有害物質の量を測るとしよう．そのときの測定の目的は何だろうか？　それはもちろんこの畑で栽培された農作物が安全かどうか，ということを知ることである．

　次に目的が明確になったので，その目的を達成するためにどのような測定を行う必要があるのかを決定しなければならない．つまり農作物の安全性を調べるために，どのような有害物質を測定しなければいけないのか，ということを決める必要がある．そこで10種類程度の有害物質を測定することとした．

　さらに行う測定が決まったので，測定の詳細を決定する必要がある．10種類の有害物質を測定するためにはどのような測定法を用いればよいのか，測定法が決まれば，その測定法を行うための土壌サンプルの前処理はどのように行えばよいのか，などを決定する必要がある．この測定の詳細のことを，測定したいと考えている量の「**定義**」という．また定義には，測定される土壌サンプルをどのように決定するのか，ということも含む．もちろん畑の土壌を取ってきてサンプルとするのだが，土壌サンプルは1つだけでよいのか？　サンプルが1つだけだと，その取ってきたサンプルだけがたまたま有害物質が含まれないサンプルになってしまうかもしれない．特に土壌は空気，水とは違い混ざりにくいため有害物質が多く含まれるところとほとんど含まれないところとが顕著に分かれる．よって，10個の土壌サンプルを取り出し，それぞれのサンプルを測定することとした．しかしこの10個の土壌サンプルもどのように選定するのか？　近傍の10か所からサンプルを取り出してもほとんど意味はない

1.1 実験計画と計測管理

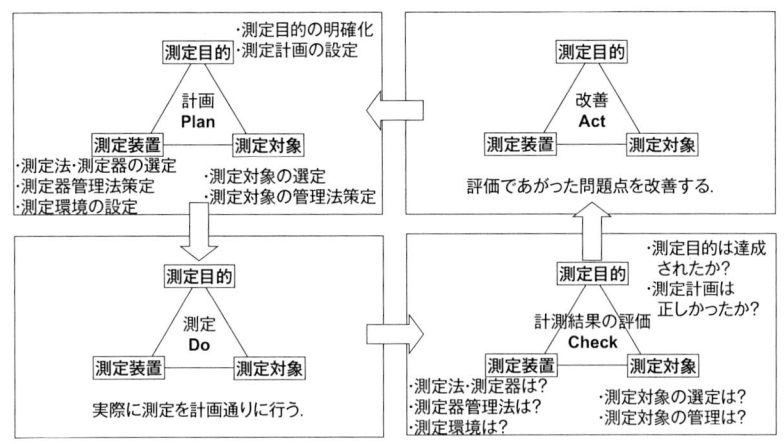

図1 計測における PDCA サイクル

だろう．土壌のサンプリング計画を立て，広い畑からまんべんなくサンプルを取り出すようなサンプリングを行う必要があるだろう．

またこれに並行して取得したデータの統計解析法も決定しておく必要がある．先ほど説明したように，漠然とデータを取得してしまうと統計的手法を適用できないデータを取得してしまうことになりかねない．よって，測定計画はその後行う統計解析とセットで方法を決めておく必要がある．

これらが完全に決まっていれば，ようやく測定が行える．決まった通りの測定を行い，取得したデータを決まった通り統計解析を行い，結果を得る．

次にその結果の評価を行う．まずは得た結果によって，農作物が安全かどうかを判断できるだろう．また，出てきた結果によっては，測定計画，例えばサンプリング手法や，前処理に不備があるということがわかるかもしれない．

最後にこの結果をもとに，さらなる計測の改善を行い，次に行う計測に対して準備を進める．これらをすべて行うことが本当の計測管理である．これを模式的に示したものを図1に示す．

この品質管理手法を模式的に示した図1を Plan → Do → Check → Act の頭文字を取って，**PDCA サイクル**と呼ぶ．これは ISO 9000 で導入された品質システムを維持・改善するための概念で，計測にとっても非常に有用なものである．この図1は PDCA サイクルを計測に適用したものである．測定を行うと

きには漠然とデータを取得するのではなく，計測を俯瞰的に見ることによって，一貫した流れの中の重要部分を担当しているという意識が必要である．

1.2　「かたより」と「ばらつき」

　測定値にはそれがどのような測定であったとしても，あいまいな部分が必ず含まれる．つまり完璧な測定結果というものはあり得ない．デジタル温度計で温度を測定し，20℃という結果を得たとしても，その結果は 20.00000⋯℃ を表しているわけではない．あくまでも温度が 19.5℃ から 20.5℃ の間に存在していることを示しているにすぎない．つまりそこにはあいまいさが含まれている．

　このあいまいさには大きく分けて 2 つの種類がある．それは「かたより」と「ばらつき」である．かたよりとは，正しい値と測定結果とのずれの程度を表し，ばらつきとは各測定結果の値の不一致の程度を表す．

　ばらつきの大きさはその測定を繰り返すことによって知ることができる．しかし，かたよりに関してはいくら測定を繰り返してもかたよりの大きさどころか，かたよりが存在するかどうかということも知ることができない．かたよりを知るための唯一の方法は，より正しい値との比較である．つまり，pH メータを用いて溶液中のいろいろの場所を測定したとき，その測定値が異なる値を示すのであれば，それは溶液内の pH のばらつきを表す．しかしその pH メータの示す値がかたよりを持つかどうか，というのはこの測定では絶対に知ることができない．それを知るためには，pH 標準液をその pH メータで測定し，pH 標準液の pH 値と pH メータの示す値を比較することによって初めて知ることができる．

　このようなかたより，つまり正しい値と測定器の読み値との差，もっと広くいうと，正しい値と読み値との関係を確定する作業のことを**校正**という．つまり，pH メータは pH 標準液によって校正されたわけである．先ほどは，pH 標準液をその pH メータで測定し，といったが，これはあまり正しくない表現である．pH 標準液の値と pH メータの読み値とではどちらが正しいのかというと，pH 標準液の値の方だろう．よって，見た目は pH 標準液が pH メータに

よって測られているように見えるが，実は，pH標準液によって，pHメータが測られているのである．このように校正には上下関係が存在することを意識しなければならない．

校正を行うことによって，かたよりはある程度除去することができる[2]．しかし，ばらつきは除去することはできない．繰返し測定を行うことによって，ばらつきを低減することはできる（詳細は2.5節を参照のこと）が0にすることはできない．よって，測定結果にどのくらいばらつきがあるのかということを知ることは測定結果がどのくらい信頼できるのか，ということに直結する．本書は測定結果のばらつきをどのようにして評価すればよいのか，ということについて多くのページを割き解説する．

---

[2] 完全にかたよりを除去することはできない．なぜなら，求められたかたよりも何らかのあいまいさが必ず含まれるからである．

2. 統計の基礎について

　測定で得られる「数値」は，たとえ誤りなく測定が行われていても，1回1回異なる値が得られたりする．そのような測定値から結論を導くためには，統計的な取扱いが不可欠である．この章においては，統計の考え方の基礎について述べる．

　一方で，目的に合致した実験データを収集することは，統計的な取扱いでは判断できない，基本的な事項である．例えば，河川水を採取して分析する場合に，その分析の目的が，日本国内の河川の平均的な値を測定したいのか，ある河川全般についての値なのか，ある河川のある場所についてなのか，採取された「その河川水」に興味があるのか，などによって，試料を採取する場所や回数などを考える必要がある．分析の目的に試料の採取の方法が合致していないと，いくら正しく分析を行い，結果を正しく統計解析しても，目的とする結果は得ることができない．

2.1 母集団と標本

　「測定」という行為は統計的にはどのような意味を持つのかを考える．そもそも「測定」とは何を知りたいがために行っているのであろうか？

　例えば，ある製品の質量をはかりで測ることを考える．ある製品の製造ラインで作成された製品のうち本日分の生産品から10個サンプリングし，その製品の質量の平均値を算出した．通常どの工場でも行われているような測定であるが，統計の視点で見るとこのような測定にもいろいろな面があることがわかる．この測定は何を知りたくて行っているのであろうか？　もちろん製品の質量を知りたいがために行っているのであるが，さらに深く考えると，ある製品を10個取ってきて平均している，ということは，製品の質量の平均値を知り

たいということである．ここで，10 個の製品を取り出し測定しているのは，本当に知りたいのは製品 10 個の質量の平均値を知りたいわけではない．本日生産された製品の質量をすべて測定し計算するのは時間，コスト，人員の面から考えると難しい（これらのコストはすべて製品の販売価格に転嫁される）．よって，10 個だけ本日作成分の製品からサンプリングし，その 10 個の測定値から平均値を算出することによって，本日作成分すべての製品を測定したときの平均値の推定値としている，ということがわかるであろう．これを統計の視点から考えると，**母集団**（本日作成した製品全体の質量）に含まれる全要素の平均値を，**標本**（サンプリングされた 10 個の製品の質量）から求められる平均値によって推定する，ということである．母集団とは，その測定結果がすべて含まれる集合のことを表し，標本（サンプル）とは，母集団から取り出された一部分によって構成される集合のことである．つまり，測定を行うのはサンプリングされた 10 個の製品の質量の平均値を知りたいわけではなく，サンプリングされた 10 個の製品によって，本日作成分の製品全体の平均の質量を推定したい，ということである．これを統計用語でいい換えると，**母平均**（母集団に含まれる全要素の平均値：本日作成分の製品全体の平均の質量）を**標本平均**（母集団からサンプリングされた 10 個の製品の平均値）によって推定する，となる．つまり知りたいのは標本平均ではなく，母平均である．ここで，母集団の性質を表す値（母平均など）のことを**母数**と呼ぶ．

　標本から母集団の性質を推定したとしても，その推定が完全に正しいということはあり得ない．つまり測定結果（標本）は必ずばらつきを持っており，そのばらつきによって母集団の完全な推定は阻害されるわけである．よって，データの統計処理で最も重要な目的は，

・母平均の推定

・推定された母平均の推定精度

の 2 点である．このうち，母平均の推定は通常標本平均によってなされるので問題は少ないが，母平均の推定精度，つまり，標本平均がどの程度母平均の推定値として正しそうであるか，を求めるためには測定結果のばらつきを扱う必要があり，これには多くの統計の知識が必要となる．本書はこの母平均の推定，推定された母平均の推定精度の 2 点について詳しく見る．

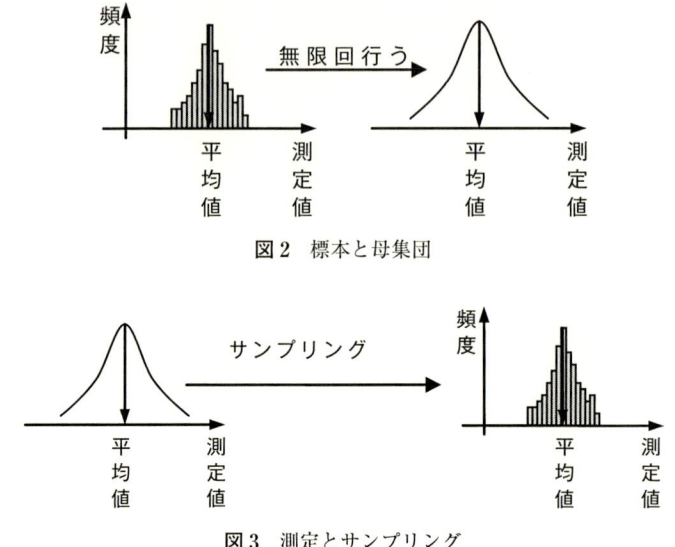

図2 標本と母集団

図3 測定とサンプリング

　次に，測定における母集団，標本とは何を指しているか考える．例として，水槽内の水の pH を pH メータによって何回か繰り返して測定することを考える．この測定における標本は pH の繰返し測定結果となる．母集団は標本がすべて含まれる集合のことであるので，pH を無限回繰返し測定したときの pH の集合が相当する（図2）．

　これを逆に考えると，ある水槽水の pH を pH メータにより測定する，と決めたときには我々には絶対に知ることはできない（なぜなら母集団は無限回の測定によってのみ知ることができるが，無限回の測定を行うことは不可能だからである）が，何らかの母集団が存在しており，測定を行うたびにその母集団から標本を1つサンプリングしている，ともいえる．つまり統計的視点では，測定とは母集団からのサンプリングを表している（図3）．

　次は測定における母集団について考える．水の pH を pH メータにより5回繰返し測定を行った結果の例を表4に示す．この結果から考えられる母集団を図4に示す．

　この図4で示した測定の母集団は最も基本的なものである．この母集団の中には無限個の要素（なぜなら pH 測定は無限回行うことができる）が含まれて

2.1 母集団と標本

表4 pH メータによる pH 測定結果例

回　　数	1	2	3	4	5	平均値
測定結果	7.2	7.4	7.3	7.3	7.1	7.26

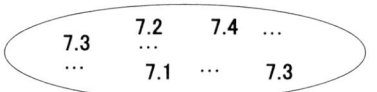

図4 pH メータによる pH 測定結果の母集団

おり，その中の5個が表4で示したデータとなっている．

　水の pH を pH メータによって測る，という測定における母集団は図4に示したような母集団だけではなく，いろいろな母集団を考えることができる．例えば，水槽内で pH のムラが存在する場合，水槽内の水を小さなコップに1回だけくみ取り，そのくみ取られた水に対して pH を繰返し測定した場合の測定の母集団と，水槽内の様々な場所から小さなコップに水を何個もくみ取り，それぞれのコップに pH メータを差し込み測定した場合の測定の母集団は異なる．つまり，性質を知りたいと考えている測定の母集団から標本をサンプリングしなければ，知りたい情報は得られない．性質を知りたいと考えている母集団から標本をサンプリングするために一番重要であるのが，前章で解説した計測管理の技術である．測定したいと考えている量の定義を明確にし，測定方法・測定手順を決定すると，その測定の母集団が（どのようなものであるのかは我々には知ることができないが）決定する．そして事前に決定した測定方法・測定手順にのっとり測定を行えば，その決定した母集団から標本をサンプリングすることができる．よって，量の定義・測定方法・測定の手順を適切に決定することによって，性質を知りたいと考えている母集団をその測定対象の母集団とすることができる．量の定義・測定方法・測定の手順をあいまいにしたまま測定を行うと，測定結果は測定対象の母集団とは異なる母集団からサンプリングされた標本となってしまう．このような場合にはどのような統計的手法を用いようが知りたい情報を得ることはできなくなる．計測管理の技術は，測定の母集団を自由にコントロールする技術なのである．

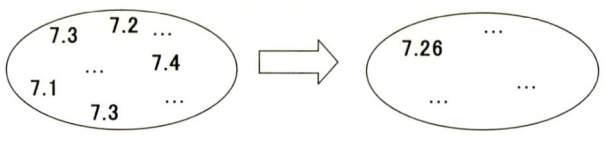

図5 pH 測定結果の標本平均の母集団

　また，図4で示した母集団をもとにして新しい母集団を作ることができる．それを図5に示す．

　図5の右で示された母集団はpHを5回測定した場合の標本平均を要素とする母集団である．つまり，pHを5回繰り返し測定し，標本平均を算出するという手順は無限回繰り返すことができる．よってその標本平均で構成された母集団も考えることができる．つまりpHを5回繰り返し測定し，標本平均を算出するということを行ったとすると，それは統計的には，測定結果の母集団（つまり図4または図5の左側で示された母集団）から5つ標本を取り出し，その標本平均を算出したとも考えることができ，また，標本平均で構成された母集団（図5の右側の母集団）から標本を1つ取り出した，とも考えることができる．これを見てわかるように，5個の測定値から算出した標本平均も数ある標本平均の中の1つであり，標本平均もばらつきを持つ．よって，母平均の推定値として用いられる標本平均の性質を調べたい場合には，標本平均で構成された母集団の性質を調べる必要がある．

2.2 確率分布と離散分布・連続分布

　測定結果のように，値がばらつきを持ち，その値が何らかの確率に従って決定する場合，そのばらつきの様子をモデル化し母集団を規定することができる．そのモデル化された母集団の様子を**確率分布**と呼ぶ．確率分布はその実現値が発生する確率から表すことができるが，その取り得る値の性質によって2つの種類の確率分布を考えることができる．

　1つは，値が飛び飛びにしか現れないもの，つまり，サイコロの目のようなものである．サイコロの目は1，2，3，4，5，6と6種類の飛び飛びの値しか現れることがないが，その1〜6の目は確率（サイコロの場合はすべての目が

1/6 の確率）に従って現れる．このような飛び飛びの値にしか現れない値からなる確率分布を**離散分布**という．もう 1 つは，先ほどの例の pH の値などの取り得る値が無数に考えられる[3]もので，このような値からなる確率分布を**連続分布**という．

測定結果は通常連続分布に従う．よって，測定データの処理には連続分布についての取扱法を熟知する必要があるが，連続分布は無限の概念が含まれるので離散分布より概念の理解は難しい．よって次節以降はまず離散分布についての確率・統計の概念を解説し，その後に連続分布の概念へと拡張していくことにする．

2.3 離散分布の期待値について

期待値とは簡単にいうと「理想的にはこの値になる」というものである．例として，サイコロを振ったときに出る目は理想的にはどのくらいの値になるかということを考える．サイコロには 1〜6 までの目があり，それぞれ 1/6 の確率で各目が出る．つまり，これがサイコロの出る目の定義である．そのサイコロの出目は理想的にはどのくらいの値になるかを考える．出目の確率が，1 が 1/6，2 も 1/6，... であることを考えると，

$$1\times\frac{1}{6}+2\times\frac{1}{6}+3\times\frac{1}{6}+4\times\frac{1}{6}+5\times\frac{1}{6}+6\times\frac{1}{6}=3.5 \tag{2.1}$$

となるであろう．この 3.5 のことをサイコロの出目の「期待値」という．よって，一般的な書き方をすると，

$$E(X)=\sum_{i=1}^{N} x_i \Pr(X=x_i) \tag{2.2}$$

となる．ここで，N は母集団に含まれる全要素数であり，X は測定値を表す変数で，この値は測定を行うたびに変化する．その測定値はある確率に従って現れる．このような確率的にいろいろな値をとる変数を**確率変数**という．

---

[3] pH メータによる測定結果は離散的であるが，真の pH の値は連続的である．つまり本当に知りたい値は真の pH の値であり，pH メータで指し示される値ではない．よって，測定結果を扱う場合には連続分布を用いる．

$E(X)$ は確率変数 X の期待値である．$\Pr(\ )$ は括弧内の条件を満たす場合の確率を表す．つまり $\Pr(X=x_i)$ は確率変数 X の値が x_i となる確率である．ただ，本書では今後確率変数 X とその実現値である x を区別すると文字の種類が増え見づらくなるため，確率変数を表す文字も小文字のアルファベットを用いる．また，$\Pr(X=x_i)$ については，その確率を求めることができる関数 $P(x) = \Pr(X=x)$ を定義する．さらに要素数はサイコロの場合だと 6 個であるが，これを全整数に拡張しても問題ない．なぜなら，サイコロの場合 1～6 までの目しかないが，10 の目が出る確率は 0 である，つまり，1～6 以外の目の出る確率は 0 である，と考えればよい．以上のことを考慮し式 (2.2) を書き換えると，

$$E(x) = \sum_{i=1}^{\infty} x_i P(x_i) \qquad (2.3)$$

と記述することができる．この $P(x)$ のことを**確率関数**という．例えば，サイコロの目の確率関数は，

$$P(x) = \begin{cases} \dfrac{1}{6} & (x=1,2,3,4,5,6) \\ 0 & (x=1,2,3,4,5,6 \text{ 以外}) \end{cases} \qquad (2.4)$$

となる．また，この確率関数をグラフで表すと図 6 となる．

次に期待値の性質を考える．期待値は次にあげる性質を持つ．

$$E(c) = c \qquad (2.5)$$

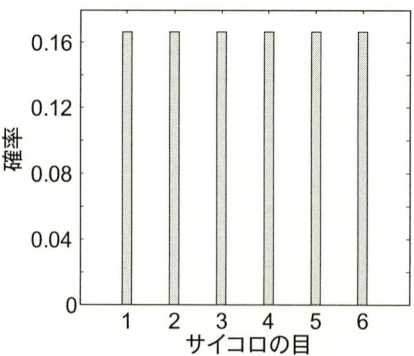

図 6　サイコロの目の確率関数のグラフ

2.3 離散分布の期待値について

$$E(x+c)=E(x)+c \tag{2.6}$$
$$E(cx)=cE(x) \tag{2.7}$$
$$E(x\pm y)=E(x)\pm E(y) \tag{2.8}$$
$$E(xy)=E(x)E(y) \quad \text{ただし,}\ x,y\text{は独立} \tag{2.9}$$

ここで, x, y は確率変数, c は定数である.

式 (2.5) は, c は定数であるので確率的に値は変動しない. よって, その期待値も c のままである. 式 (2.6) はサイコロの各目に 1 を加えたものを考えると,

$$E(x+1)=\frac{1}{6}(2+3+4+5+6+7)=\frac{27}{6}=3.5+1=E(x)+1 \tag{2.10}$$

となる. 式 (2.7) は, サイコロの目が 2, 4, 6, 8, 10, 12 であるものを思い浮かべればわかるだろう.

$$E(2x)=\frac{1}{6}(2+4+6+8+10+12)=7=3.5\times 2=2E(x) \tag{2.11}$$

となる. 式 (2.8) は 2 つの確率変数がある. これは 2 つのサイコロを同時に振り, 出た目を足すということを考えればわかる. それを表 5 に示す.

表 5 より, 出目の和の期待値を求めると,

$$\begin{aligned}E(x+y)&=2\times\frac{1}{36}+3\times\frac{2}{36}+\cdots+7\times\frac{6}{36}+\cdots+12\times\frac{1}{36}=7\\&=3.5+3.5=E(x)+E(y)\end{aligned} \tag{2.12}$$

となり, 式 (2.8) が成り立つことがわかる. 式 (2.9) も同様に表 6 より,

$$E(xy)=1\times\frac{1}{36}+\cdots+36\times\frac{1}{36}=12.25=3.5\times 3.5=E(x)E(y) \tag{2.13}$$

となり, 式 (2.9) は成り立つが, 問題は「x, y は独立」ということである. これは, 確率変数 x と y が互いに影響し合うことがなく, 全く別個に値が決定する, ということを意味している[4]. サイコロだと, あるサイコロの出目がもう 1 つのサイコロの出目に影響を与えることはあり得ないだろう. つまり, 一方のサイコロの出目が 3 の場合, もう一方のサイコロの出目が 6 になりやすいとか, 3 以下の数字になりやすいとかそういう影響を与えることがない, と

---

[4] 「独立」については, 2.7 節にてさらに詳しく解説する.

表5 2つのサイコロの目の和

x \ y	1	2	3	4	5	6
1	2	3	4	5	6	7
2	3	4	5	6	7	8
3	4	5	6	7	8	9
4	5	6	7	8	9	10
5	6	7	8	9	10	11
6	7	8	9	10	11	12

表6 2つのサイコロの目の積

x \ y	1	2	3	4	5	6
1	1	2	3	4	5	6
2	2	4	6	8	10	12
3	3	5	9	12	15	18
4	4	6	12	16	20	24
5	5	10	15	20	25	30
6	6	12	18	24	30	36

いうことである．このような場合，2つの確率変数は独立である，という．サイコロのように，xとyが完全に別個に値が決定するのであれば，式 (2.9) は成立する．

ある確率変数xについての性質がわかっているのであれば，式 (2.5)～式 (2.9) の関係を用いることによって，確率変数xを含むほかの確率変数の期待値も求めることができる．

ある母集団からn個標本を取り出し標本平均$\bar{x}$を求めると，

$$\bar{x} = \frac{\sum_{i=1}^{n} x_i}{n} \tag{2.14}$$

となる．2.1節で述べたように我々が本当に知りたいものは標本平均$\bar{x}$ではなく，母平均μである．ただし，無限回の測定は行えないため母平均の値を知ることはできない．そこで式 (2.14) によって標本平均を算出し，その値を母平均の推定値としている．ここで，母平均を表す文字としてギリシャ文字μを用いているが，通常母集団の性質を表すものについてはギリシャ文字を用

い，標本の性質を表すものについてはアルファベットを用いる．また，「推定値」を表すためにはギリシャ文字に＾（ハット）を付ける．つまり，母平均の推定値を標本平均とする，ということを表す数式は，

$$\hat{\mu}=\bar{x} \tag{2.15}$$

となる．また，先ほどの期待値との関係だが，要素 x_i が本来そうなるべき値は母平均となるはずなので，

$$E(x_i)=E(x)=\mu \tag{2.16}$$

が成立する．また，x の標本平均 $\bar{x}$ の期待値は先ほど解説した期待値の性質を用いると，

$$\begin{aligned}E(\bar{x})&=E\left(\frac{\sum_{i=1}^{n} x_i}{n}\right)=\frac{1}{n}E(x_1+\cdots+x_n)\\&=\frac{1}{n}\{E(x_1)+\cdots+E(x_n)\}=\frac{1}{n}\cdot nE(x_i)=\frac{1}{n}\cdot n\mu\\&=\mu\end{aligned} \tag{2.17}$$

となる．よって当然ながら，標本平均の期待値も母平均と等しくなる．つまり，標本平均は母平均の推定値として何らかのかたよりを持たない，ということである．このようにかたよりなく母数の推定が行うことができる推定量のことを**不偏推定量**という．

 ## コラム１　測定結果として用いられる値について

　繰返し測定を行った場合，通常測定結果として報告されるのは，標本平均である．ただし，標本平均が用いられず，ほかの値を用いることもある．ここでは標本平均以外にたまに用いられる代表値について紹介する．

①メジアン（中央値）

　メジアンとは，測定したデータを昇順に並べた場合，そのちょうど真ん中となる値（測定回数が偶数回の場合，真ん中にある２つの値の平均値）のことである．測定値の中に異常値（測定の失敗などが原因である飛び離れた値）がしばしば混ざってしまうときには，母平均の推定値としてメジアンを用いる場合がある．標本平均は異常値に対し敏感で，異常値によって値が変動しやすいが，メジアンは異常値が存在しても値が変動しにくい．これを**頑**

健性（robustness）という．つまり，メジアンは標本平均よりも異常値に対してロバスト（頑健性が高い）である．

②モード（最頻値）

モードとは，離散分布の場合であれば一番多く出たデータ，連続分布の場合であれば，測定結果のヒストグラムを描いたときに最も頻度が多いデータが含まれる区間の中間の値のことをいう．非対称な確率分布を持つ測定の場合，代表値としてモードが用いられることが多い．

③最大値，最小値

例えば，100 mm×100 mm の正方形の穴の中に，直方体を挿入することを考えると，直方体の長さを場所を変えいろいろと測定した結果，代表値をその標本平均とすると，標本平均が 100 mm 以下であったとしても穴に入らないことがある．なぜなら，穴に入れようと思ったら，1 点でも 100 mm を超えている場所があってはいけない．よって，この場合は最大値に注目すべきである．また同様に，直方体の 1 辺の長さを測定する場合，測定にばらつきを与える大きな要因は，ものさしやノギスなどを斜めにあててしまうことである．しかし，右側に傾いて斜めにあてたとき，左側に傾いて斜めにあてたとき，どの場合であっても長さは長く測られる．よってこの場合は最小値を代表値として考えた方がよいかもしれない．

このように，測定データの性質をよくわかっていないと最適な代表値をどのようなものとするのか，ということを決めることも難しくなる．よって，いかに行っている測定について深い知識を持っているか，ということが非常に重要であり，その測定における深い知識があるからこそ，最適な統計的手法を選択することができるのである．

2.4 連続分布の期待値について

測定値はほとんどの場合サイコロとは違い連続分布からのサンプリングであると考えられる．よって，通常のデータ処理では連続分布を対象とした処理を行う必要がある．先ほどの離散分布の期待値を連続分布に拡張することを考えよう．離散分布の期待値の定義は，式（2.3）で示した．

2.4 連続分布の期待値について

$$E(x) = \sum_{i=1}^{\infty} x_i P(x_i) \tag{2.3}$$

であった．離散分布では確率変数 x がある値 x_i となる確率は $P(x_i)$ で表すことができたが，連続分布ではこの確率は 0 となってしまう．なぜなら，連続分布では取り得る値は無限個存在し（たとえ，サイコロと同様に取り得る値の範囲が $1 \leq x \leq 6$ であったとしても，その区間内に含まれるデータ数はもちろん無限個となる），無限個からある要素1つがサンプリングされる確率は，

$$\frac{1}{\infty} = 0 \tag{2.18}$$

となってしまうからである．よって，確率関数 $P(x)$ の値は常に 0 となってしまう．これでは離散分布で用いていた式（2.3）を用いることができない．では，連続分布においては確率を計算することはできないのであろうか？ もちろんそうではない．ただ，ある値が出る確率を計算することができないだけである．その代わり，サンプリングされた値がある区間内に入る確率を求めることができる．つまり，ある製品の質量が 50.342…g となる確率は求められないが，ある製品の質量を測定した結果，50.3 g から 50.4 g の間に入る確率は求めることができる，ということである．例として，50 g になるように作成された製品の質量の分布をグラフにしたものを図7に示す．

このグラフの見方は，例えば製品の質量が 46 g のところを見てみると，確率は約 0.21 である．つまり，その製品の質量が 46 g 以下となる確率は 0.21

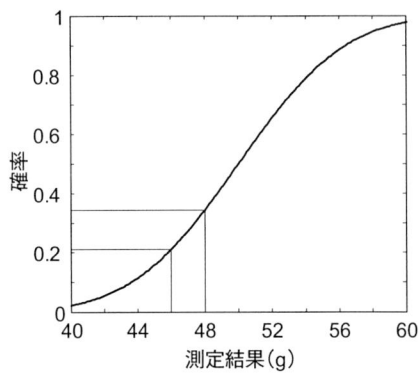

図7 製品の質量の分布

であるということを意味する．よって，60 g 以下となる確率は1に非常に近くなっているわけである．また，測定結果が46 g から48 g の間に入る確率は，48 g 以下になる確率がグラフより約 0.34 であるので，

$$\Pr(x \leq 48) - \Pr(x \leq 46) = 0.34 - 0.21 = 0.13 \tag{2.19}$$

と計算できる．この図7で示したグラフを表す関数を**累積分布関数**または**分布関数**（cumulative distribution function：CDF）といい，この累積分布関数は $F(x)$ で表す．よって，測定結果が区間 $a \leq x \leq b$ に含まれる確率は，

$$\Pr(a \leq x \leq b) = F(b) - F(a) \tag{2.20}$$

によって表すことができる．この累積分布関数については，もちろん離散分布についても考えることができる．図8はサイコロの目の累積分布関数をグラフに表したものである．

ここで，図6で示した確率関数と図8で示した累積分布関数の関係を考えると，確率関数では，1～6の目がすべて1/6の確率で出ており，累積分布関数では，目が1増えるごとに1/6ずつ確率が増えることがわかる．つまり，確率関数は累積分布関数の傾きを表していることになる．これを連続分布に拡張すると，累積分布関数を微分したものが，連続分布における確率関数のようなものになるということである．この連続分布における確率関数に相当するものを**確率密度関数**（probability density function：PDF）という．つまり，以下の式が成立する．

$$\frac{dF(x)}{dx} = f(x) \tag{2.21}$$

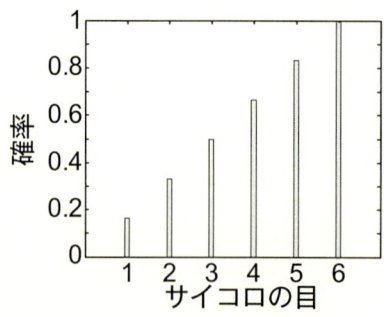

図8　サイコロの目の累積分布関数

2.4 連続分布の期待値について

ここで，$f(x)$ は確率密度関数である．また，式 (2.20) を確率密度関数で書き直すと，

$$\Pr(a \leq x \leq b) = F(b) - F(a) = \int_a^b f(x)dx \qquad (2.22)$$

となる．つまり，確率密度関数で示された区間の面積を出すとその区間に値が含まれる確率となるわけである．また，式 (2.21) は，$F(x)$ の式として表すと，

$$F(x) = \int_{-\infty}^x f(t)dt \qquad (2.23)$$

と表すことができる．

先ほどの製品の質量の確率密度関数を図9に示す．

この図9中の斜線部の面積と，式 (2.19) の値が等しくなる．また，確率密度関数を全区間（$-\infty$ から $+\infty$ まで）において面積を求めると1となる．これは，すべての場合の確率を足し合わせるともちろん1となるからである．この確率密度関数のグラフは直感的に母集団の分布を示しているので，一般的に確率分布を示すときには確率密度関数が使われる．例えば，図2，図3で示した母集団の分布は確率密度関数をグラフで示したものである．

では次に連続分布の期待値について考えよう．離散分布では，式 (2.3) に示したように測定値に確率関数を掛けたものの和をとって期待値を求めた．連

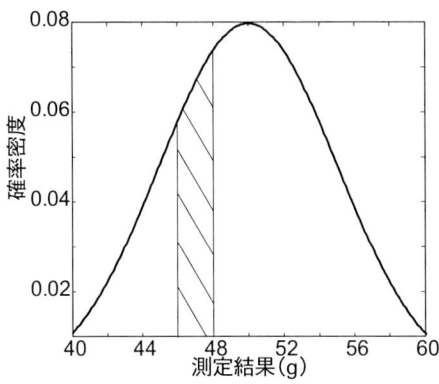

図9　製品の質量の確率密度関数

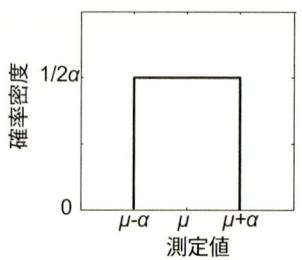

図 10　矩形分布の確率密度関数

続分布では確率関数に相当するものは確率密度関数となるので，期待値を算出する式は，

$$E(x) = \int_{-\infty}^{\infty} x f(x) dx \qquad (2.24)$$

となる．

例 1：分布の半幅が α である矩形分布の期待値を求めよ．

矩形分布とは一様分布とも呼ばれ，母平均 μ から $\pm \alpha$ の範囲内にすべての値が含まれ，その範囲内では同じ確率で値が現れるという確率分布である．矩形分布の確率密度関数を図示したものを図 10 に示す．

図 10 のように矩形分布の確率分布はある範囲内のみで値が存在する，というものになるが，その確率密度の大きさは，この確率密度関数に囲まれる面積が 1 となるということから考える．この長方形の底辺の長さが 2α となっているので，確率密度は $1/(2\alpha)$ となる．よって矩形分布の確率密度関数は，

$$f(x) = \begin{cases} \dfrac{1}{2\alpha} & (\mu - \alpha \leq x \leq \mu + \alpha) \\ 0 & (\text{それ以外}) \end{cases} \qquad (2.25)$$

となる．期待値は，

$$\begin{aligned} E(x) &= \int_{-\infty}^{\infty} x f(x) dx = \int_{\mu-\alpha}^{\mu+\alpha} x \frac{1}{2\alpha} dx = \frac{1}{2\alpha} \int_{\mu-\alpha}^{\mu+\alpha} x dx \\ &= \frac{1}{2\alpha} \left[\frac{1}{2} x^2 \right]_{\mu-\alpha}^{\mu+\alpha} = \frac{1}{2\alpha} \left\{ \frac{1}{2}(\mu+\alpha)^2 - \frac{1}{2}(\mu-\alpha)^2 \right\} = \mu \end{aligned} \qquad (2.26)$$

となり，母平均に一致する．

また連続分布であっても式 (2.5)，(2.6)，(2.7)，(2.8)，(2.9)，(2.16)

は成立する．

2.5 連続分布の平均，分散について

連続分布の母平均 μ は，離散分布のとき（式（2.16））と同様に，

$$\mu = E(x) = \int_{-\infty}^{\infty} x f(x) dx \tag{2.27}$$

で表される．また，この連続分布から n 個標本をサンプリングし標本平均 $\bar{x}$ を求めると，

$$\bar{x} = \frac{\sum_{i=1}^{n} x_i}{n} \tag{2.28}$$

となる．

また，x の標本平均 $\bar{x}$ の期待値は離散分布のときと同じく，

$$\begin{aligned}
E(\bar{x}) &= E\left(\frac{\sum_{i=1}^{n} x_i}{n}\right) = \frac{1}{n} E(x_1 + \cdots + x_n) \\
&= \frac{1}{n} \{E(x_1) + \cdots + E(x_n)\} = \frac{1}{n}(\mu + \cdots + \mu) = \frac{1}{n} \cdot n\mu \\
&= \mu
\end{aligned} \tag{2.29}$$

となる．よって当然ながら，標本平均の期待値も母平均と等しくなり，連続分布のときでも標本平均は母平均の不偏推定量である．

これまで母数については母平均のみを考えてきたが，ここから母集団に含まれるデータが持つばらつきの大きさを表す母数について考える．母集団に含まれるデータは，母平均から大きく離れたもの，あまり離れていないもの，いろいろ存在するはずであるが，その中でデータが持つばらつきの平均的な大きさを求めることを考える．これを算出するために，まず個々のデータが持つばらつきの大きさを求める．ばらつきを規定するためには基準となる値が必要で，その基準となる値と個々のデータの値との差が個々のデータが持つばらつきとなる．また，基準となる値は通常母平均を用いる．よって個々のデータが持つばらつきを δ とすると，

$$\delta = x - \mu \tag{2.30}$$

となる．このδのことを**偏差**という．次に，平均的なばらつきを知るために偏差の期待値を求めることを考える．ただし，この偏差δの期待値はxの期待値がμとなるため0となってしまう．これは，xは母平均より大きな値，小さな値の両方取り得る可能性があるため，δの期待値はその中心である0となってしまうためである．よってばらつきのパラメータを考えるためには，δの大きさに着目する必要がある．大きさを表すためには偏差の符号をすべて正に変換すればよい．そのためにはδを2乗する．δの2乗の期待値をとると，

$$E(\delta^2) = E\{(x-\mu)^2\} \tag{2.31}$$

となる．この$E(\delta^2)$のことを**母分散**といい$V(x)$で表す．つまり，

$$V(x) = E\{(x-\mu)^2\} \tag{2.32}$$

これが母集団のばらつきの大きさを表すパラメータである母分散の定義である．通常母分散はσ^2で表される．母分散は母数なのでギリシャ文字で表されるが，なぜ2乗が付くのかというと，例えば，測定結果が質量の[g]で表されていたとすると，この母分散の単位は偏差を2乗しているので，[g^2]となるからである．また，2乗が付かないσ単体で表される母数のことを**母標準偏差**という．通常測定結果のばらつきを報告する際には，分散の平方根を求め，標準偏差の形にして行う．標準偏差であれば，対象としている量の単位と同じであるため，ばらつきの大きさを平均値などと比較することができ，解釈しやすい．また，式(2.32)中のμはxの期待値であるので，式(2.32)は以下のようにも記述できる．

$$\begin{aligned}V(x) &= E\{(x-\mu)^2\} = E(x^2+\mu^2-2\mu x)\\&= E(x^2)+\mu^2-2\mu E(x) = E(x^2)-\mu^2\\&= E(x^2)-\{E(x)\}^2\end{aligned} \tag{2.33}$$

では次にこの分散$V(x)$の性質を見てみよう．

$$V(x+c) = V(x) \tag{2.34}$$
$$V(cx) = c^2 V(x) \tag{2.35}$$
$$V(x \pm y) = V(x) + V(y) \tag{2.36}$$

ここで，x, yは互いに独立である確率変数，cは定数である．

式(2.34)に関しては，xがcだけずれたときのばらつきを考える．これは

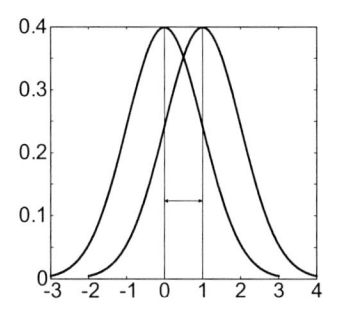

2.5 連続分布の平均，分散について

図 11 確率分布の平行移動

単に母集団がそのまま c だけ平行移動したということを表す．これを図示したものを図 11 に示す．確率分布が平行移動しただけなら，分布の形自体は変わらないことからばらつきの大きさも変わらない．よって，式（2.34）は成立する．

式（2.35）に関しては左辺を変形してみよう．
$$V(cx)=E[\{c(x-\mu)\}^2]=E\{c^2(x-\mu)^2\}=c^2E\{(x-\mu)^2\}=c^2V(x) \quad (2.37)$$
となり，成立することがわかる．直感的な説明としては，確率変数が c 倍されるのであるから，確率分布は幅が c 倍，つまりばらつきが c 倍されたものになる．ただし，先ほど説明したように母分散の次元は対象としている量の次元の 2 乗となっているので，母集団のばらつきが c 倍されるのであれば，分散は c^2 倍されるということである．

式（2.36）に関してはこれも左辺を変形してみよう．
$$\begin{aligned}V(x\pm y)&=E[\{(x-\mu_x)\pm(y-\mu_y)\}^2]\\&=E\{(x-\mu_x)^2+(y-\mu_y)^2\pm 2(x-\mu_x)(y-\mu_y)\}\\&=E\{(x-\mu_x)^2\}+E\{(y-\mu_y)^2\}\pm 2E\{(x-\mu_x)(y-\mu_y)\}\end{aligned} \quad (2.38)$$
ここで，式（2.38）の第 3 項目，$E\{(x-\mu_x)(y-\mu_y)\}$ は確率変数 x, y が独立[5]であるとき，
$$E\{(x-\mu_x)(y-\mu_y)\}=0 \quad (2.39)$$
となる性質がある．よって，x, y が独立であるという前提があれば式（2.39）

---

[5] 「独立」については，2.7 節にてさらに詳しく解説する．

が成立するので，式 (2.38) は，

$$V(x \pm y) = E\{(x-\mu_x)^2\} + E\{(y-\mu_y)^2\} = V(x) + V(y) \qquad (2.40)$$

となり，式 (2.36) が成立する．この性質のことを**分散の加法性**と呼ぶ．つまり，互いに独立である分散を合成したい場合には単純に足し算すればよい，ということを表している．

また，式 (2.36) では左辺の括弧内がプラス，マイナスにかかわらず，右辺はプラスになっている．これもサイコロの例で考えてみよう．2つの独立な確率変数の足し算，引き算ということを考えるために，2個のサイコロを同時に振り，片方は出た目を足し算，もう一方は出た目を引き算するということを考える．このとき，足し算した方の確率分布は図12のようになる．

つまり，出た目の和が2となるのは，サイコロの出目が (1, 1) のときのみであるので，確率は1/36となる．同様に，3, 4, 5, 6, …と確率は増えていき，7のときに最大の確率1/6となる．その後にまた確率は減少し，12となる確率が1/36となる．では，引き算した場合の確率分布も見てみよう．

こちらの方は，差が −5 となるのは，目が (1, 6) となるときだけであって，−4, −3, …となるに従い確率が増えていき，差が0となるのは，2つのサイコロの出目が等しい場合，つまり6通りあるので，確率は6/36=1/6となる．そしてまた確率は減っていき，差が5となるのは，(6, 1) のときのみである．この図12，図13を見比べてわかるように，母平均の値は異なるが，分布の形自体は両者同じである．つまり，確率変数の和をとろうが，差をとろうが母平均の値は変わっても確率分布の形は変わらない．よって，確率変数の和をとったときと差をとったときのばらつきの大きさである母分散の値は変わらないのである．

これまで見てきたように母分散は測定データのばらつきを表す母数であるが，通常複数回の測定を行った場合，測定結果として報告する値は，その複数回測定したデータの平均値，つまり標本平均である．ただし，サイコロを5回振ったときの標本平均を考えてみると，あるときには標本平均が3.2，あるときには2.4，もしかすると5回連続1が出て標本平均が1となってしまう場合もあるだろう．このように，標本平均もばらつきを持つ値である．測定結果と

2.5 連続分布の平均,分散について

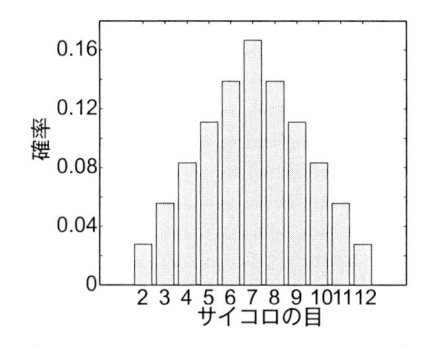

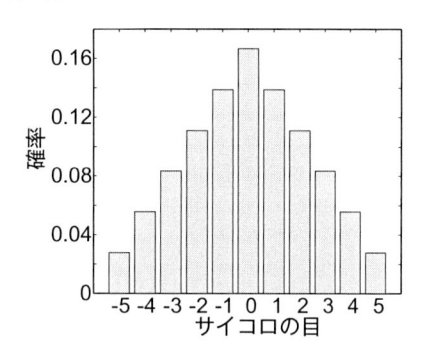

図12 2つのサイコロの目の和の確率関数　　図13 2つのサイコロの目の差の確率関数

して標本平均を用いている場合,その測定結果のばらつきを表すパラメータは式(2.32)で表した母分散ではなく,**標本平均の母分散**が相当するはずである.

では次に,標本平均の母分散を求めてみよう.標本平均の母分散は,

$$V(\bar{x}) = V\left(\frac{\sum_{i=1}^{n} x_i}{n}\right) \quad (2.41)$$

によって求められるはずである.式(2.41)を変形すると,

$$V(\bar{x}) = \frac{1}{n^2} V(x_1 + \cdots + x_n) \quad (2.42)$$

となる.ここで,繰返し測定結果 x_i について考えると,前の測定結果が後の測定結果に影響を与えるということは通常考えられない.よって,各 x_i は互いに独立であると考えて差し支えないだろう.互いに独立であれば式(2.42)は,

$$V(\bar{x}) = \frac{1}{n^2} V(x_1 + \cdots + x_n) = \frac{1}{n^2} \{V(x_1) + V(x_2) + \cdots + V(x_n)\} \quad (2.43)$$

となり,また各 $V(x_i)$ は,同一の測定の母集団から取られたサンプルを表しているので,その分散はもちろんその測定の母分散 $V(x)$ と等しい.つまり式(2.43)は,

$$V(\bar{x}) = \frac{1}{n^2}\{V(x_1) + V(x_2) + \cdots + V(x_n)\}$$
$$= \frac{1}{n^2}\{V(x) + V(x) + \cdots + V(x)\} = \frac{1}{n^2} \cdot nV(x) \quad (2.44)$$
$$= \frac{V(x)}{n}$$

となる.よって,標本平均の母分散は測定データの母分散の$1/n$となる.これは,直感と一致する結果であろう.つまり,測定結果として標本平均を用いるのであれば,測定回数が多くなればなるほどnの値が増大し,標本平均の母分散が小さくなるということである.サイコロを考えても,3回振った平均値であれば,3回連続1や6が出て,標本平均が1や6になるということは十分あり得るだろうが,100回振ったときの標本平均が,1や6になることは考えにくい.つまり,標本平均のばらつきは測定回数とともに減少していくということである.

2.6 母分散と標本分散

　測定データや標本平均の母分散について前節で解説したが,母分散は母数であるので,現実には算出することができない(無限回の測定によってしか母数は求めることができない).よって,母平均は知ることができないので,その代わりとして標本平均を用いるということと同様に,母分散は標本分散によって推定を行う.測定値をx_i,測定回数をnとし,まず各測定値のばらつきの大きさを求めると,

$$d_i = x_i - \bar{x} \quad (2.45)$$

となる.偏差を算出するためには母平均が必要であるが,母平均も母数であり,実際に知ることができないので標本平均で代用する.このd_iを**残差**という.残差を2乗しその和をとると,

$$S = \sum_{i=1}^{n}(x_i - \bar{x})^2 \quad (2.46)$$

となる.このSのことを残差の2乗和という.また,残差の自乗和,変動と呼ぶ場合もある.母分散では偏差の2乗の期待値をとるが,標本分散では,残

差の2乗和を標本のデータ数 n で割ることによって，残差の2乗平均を求め，期待値を求める代わりとする．そうすると，

$$s^2(x) = \frac{\sum_{i=1}^{n}(x_i - \bar{x})^2}{n} \tag{2.47}$$

となる．この $s^2(x)$ が測定データ x の標本分散である．

では次にこの標本分散は母分散の不偏推定量であるかを考える．不偏推定量であればもちろん，分散 $V(x)$ と $s^2(x)$ の期待値 $E(s^2)$ の間に

$$V(x) = \sigma^2 = E(s^2) \tag{2.48}$$

が成立するはずである．

では，$E(s^2)$ を求める．

$$\begin{aligned}
E(s^2) &= E\left\{\frac{\sum_{i=1}^{n}(x_i - \bar{x})^2}{n}\right\} = \frac{1}{n}E\left\{\sum_{i=1}^{n}(x_i^2 - 2x_i\bar{x} + \bar{x}^2)\right\} \\
&= \frac{1}{n}E\left\{\sum_{i=1}^{n}x_i^2 - 2\bar{x}\sum_{i=1}^{n}x_i + \bar{x}^2\sum_{i=1}^{n}1\right\} = \frac{1}{n}E\left\{\sum_{i=1}^{n}(x_i^2) - 2\bar{x}\cdot n\bar{x} + n\bar{x}^2\right\} \\
&= \frac{1}{n}E\left\{\sum_{i=1}^{n}(x_i^2) - n\bar{x}^2\right\} = \frac{1}{n}\sum_{i=1}^{n}E(x_i^2) - E(\bar{x}^2)
\end{aligned} \tag{2.49}$$

x_i は確率変数 x の実現値であるのでもちろん，$E(x_i^2) = E(x^2)$ と考えて差し支えないので，

$$E(s^2) = \frac{1}{n}\sum_{i=1}^{n}E(x^2) - E(\bar{x}^2) = E(x^2) - E(\bar{x}^2) \tag{2.50}$$

となる．

ここで，$E(x^2)$ と $E(\bar{x}^2)$ について考える．式 (2.33) より，

$$V(x) = E[(x-\mu)^2] = E(x^2) - \{E(x)\}^2 = E(x^2) - \mu^2 \tag{2.51}$$

となる．$V(x)$ は母分散 σ^2 を表しているので，式 (2.51) は，

$$E(x^2) = \sigma^2 + \mu^2 \tag{2.52}$$

と表すことができる．

次に式 (2.32) を標本平均に当てはめると，

$$V(\bar{x}) = E\{(\bar{x}-\mu)^2\} \tag{2.53}$$

となり，この式を変形すると，

$$V(\bar{x}) = E\{(\bar{x}-\mu)^2\} = E(\bar{x}^2 + \mu^2 - 2\mu\bar{x})$$
$$= E(\bar{x}^2) + \mu^2 - 2\mu E(\bar{x}) = E(\bar{x}^2) - \mu^2 \qquad (2.54)$$

となる。ここで，式 (2.44) を式 (2.54) に代入すると，

$$V(\bar{x}) = E(\bar{x}^2) - \mu^2$$
$$\frac{V(x)}{n} = E(\bar{x}^2) - \mu^2 \qquad (2.55)$$
$$E(\bar{x}^2) = \frac{\sigma^2}{n} + \mu^2$$

となる。よって，式 (2.52) と式 (2.55) を式 (2.50) に代入すると，

$$E(s^2) = E(x^2) - E(\bar{x}^2) = \sigma^2 + \mu^2 - \left(\frac{\sigma^2}{n} + \mu^2\right)$$
$$= \sigma^2 - \frac{\sigma^2}{n} = \frac{n-1}{n}\sigma^2 \qquad (2.56)$$

となる。よって，式 (2.48) は成立しない．つまり，式 (2.47) の期待値が式 (2.56) であるということなので，式 (2.47) は，母分散をかたよりなく推定しているとはいえない．これは，母分散を $(n-1)/n$ 倍された値，すなわち母分散より少し小さな値を推定していることとなる．これでは，式 (2.47) で表される標本分散は不偏推定量であるとはいえない．

ただし標本分散を不偏推定量にするためには，式 (2.47) を $n/(n-1)$ 倍すればよいことがわかる．

$$s^2(x) = \frac{n}{n-1} \cdot \frac{\sum_{i=1}^{n}(x_i-\bar{x})^2}{n} = \frac{\sum_{i=1}^{n}(x_i-\bar{x})^2}{n-1} \qquad (2.57)$$

式 (2.57) で表した標本分散のことを**不偏分散**という．通常測定データの処理には不偏分散を用いるので，これ以降の本書内では，特別に断らない限り $s^2(x)$ はすべて式 (2.57) の不偏分散を表し，式 (2.47) の意味では用いない．

なぜ残差の2乗和を n ではなく，$n-1$ で割ったものが不偏推定量になるのかを考えてみよう．標本分散を算出するためには残差を n 個計算する必要がある．これを表7に示す．

ここでは，残差 d_i を n 個求めているが，本当に意味のある残差の個数は n 個なのであろうか？ 例えばここで，d_n の値がわからなくなってしまったとしよう．我々が知っているのは，d_1 から d_{n-1} の $n-1$ 個の残差である．ここで

2.6 母分散と標本分散

表7 残差について

偏差：d_i
$d_1 = x_1 - \bar{x}$
$d_2 = x_2 - \bar{x}$
⋮
$d_i = x_i - \bar{x}$
⋮
$d_{n-1} = x_{n-1} - \bar{x}$
$d_n = x_n - \bar{x}$

残差の全和は，

$$\sum_{i=1}^{n} d_i = \sum_{i=1}^{n} x_i - \sum_{i=1}^{n} \bar{x} = \sum_{i=1}^{n} x_i - n\bar{x} = \sum_{i=1}^{n} x_i - n\frac{\sum_{i=1}^{n} x_i}{n} = 0 \tag{2.58}$$

となる．これは標本平均がデータのちょうど中心の点を表しているので，残差の全和をとれば当然0となる．よって，

$$\sum_{i=1}^{n} d_i = 0$$
$$\sum_{i=1}^{n-1} d_i + d_n = 0 \tag{2.59}$$
$$d_n = -\sum_{i=1}^{n-1} d_i$$

となる．つまり，それぞれ求められる残差の中で1つだけデータがわからなくなってしまっても，それは計算すれば求めることができる．つまり，残差はn個存在するが，本当に意味のある残差は$n-1$個となっているということである．これは，残差を算出するために標本平均を使っていることが原因である．データはn個存在するが，残差を算出するために標本平均を用いるので，その標本平均にデータが持っている情報のうちデータ1つ分が費やされているということである．この本当に意味のあるデータの個数のことを**自由度**という．よって，標本分散を算出するためにはデータの個数で残差の2乗和を割るのではなく，残差の2乗和を自由度で割らなくてはいけないのである．

ここで解説したものは分散であり，分散は測定データの単位を2乗した次元

を持つ量である．分散はもちろん測定データのばらつきを表すパラメータではあるが，測定データとは単位が異なるため，ばらつきの大きさを測定データの平均値の大きさと比較するなどといったことには用いることができない．よってばらつきの値を報告する場合は分散ではなく，分散の平方根である標準偏差がよく用いられる．つまり，

$$\sigma = \sqrt{\sigma^2} \quad (\text{対象：母集団}) \tag{2.60}$$

$$s(x) = \sqrt{s^2(x)} \quad (\text{対象：標本}) \tag{2.61}$$

となる．ここで，σ は母標準偏差，$s(x)$ は標本標準偏差を表す．通常，母標準偏差の推定値として標本標準偏差が用いられる．また，測定結果に対してどの程度の大きさのばらつきが存在するのかを相対値で表すこともよくある．つまり，

$$CV = \frac{s(x)}{\bar{x}} \tag{2.62}$$

であるが，この $CV^{6)}$ のことを**変動係数**，または**相対標準偏差**という．

例 2：10 μL マイクロピペットの校正

マイクロピペットの校正は用意した純水をマイクロピペットによって分取し，その分取された純水を精密天秤の皿にセットされた容器に吐出し，その質量を測定し，水の密度で割ることによって体積を求める．またそのときには温度補正，浮力補正[7]を行う．そしてその作業を複数回行い，標本平均をマイクロピペットの校正値とする．本例では繰返し回数を 10 回とする．この例における，マイクロピペットの校正結果を示し，その校正結果のばらつきを標準偏差で表すことを考える．表8に測定結果例を示す．

このとき，

---

[6] 変動係数を表す CV とは，coefficient of variation の略である．
[7] 水の中に沈んでいる石を持ち上げると，空気中で持ち上げるより水の浮力のおかげで軽く感じる．この浮力は水のような液体でのみ起こるわけではなく，気体であっても起こる．つまり，空気中ではかりを用いて質量を測定したときの方が真空中ではかりを用いて質量を測定したときより軽い値となる．精密な測定においては空気による浮力が問題となり，それを補正することを行う．それが浮力補正である．実際には，精密天秤を校正するために用いるステンレス分銅の密度と測定される純水の密度の値を用いて補正する．

表8 マイクロピペットの繰返し測定結果例（体積）

番号	1	2	3	4	5
測定結果（μL）	9.985	10.005	9.985	10.004	10.017
番号	6	7	8	9	10
測定結果（μL）	9.999	9.988	10.014	10.014	10.012

標本平均：
$$\bar{x} = 10.0023\ \mu\text{L} \tag{2.63}$$

標本分散：
$$s^2(x) = 0.0001565\ (\mu\text{L})^2 \tag{2.64}$$

標本標準偏差：
$$s(x) = 0.01251\ \mu\text{L} \tag{2.65}$$

標本平均の標本標準偏差：
$$s(\bar{x}) = \frac{s(x)}{\sqrt{n}} = \frac{0.01251}{\sqrt{10}} = 0.003955\ \mu\text{L} \tag{2.66}$$

となる．これらはすべて標本に対するものであり，母数の推定値として用いる．標本平均は，このマイクロピペットの母平均の推定値であり，公称値である10 μL に対してどのくらいかたよりがあるのかを示す指標である．標本分散，標本標準偏差は，このマイクロピペットで1回純水を分取した際，その分取された体積がどのくらいばらついているのかを表す指標である．また，標本平均の標本標準偏差は，標本平均がどの程度ばらつくのかを表している指標である．よって，このマイクロピペットは公称値10 μL に対して，標本平均10.002 μL であるので，少しかたよりがあるように見えるが，標本平均の標本標準偏差が約 0.004 μL，つまり，標本平均は平均的に 0.004 μL 程度値がばらつくということであるので，明らかなかたよりはないと見なしてもかまわないだろう．ただし，このマイクロピペットを用いて純水を1回分取した場合には，平均で約 0.013 μL ほどのばらつきがあることには注意しなくてはならない．

コラム2　様々な統計量と不偏推定量

　通常，確率・統計の解説書では，ばらつきを表すパラメータとして標本（不偏）分散を中心とした記述がなされている．しかし，分散の次元は測定対象としている量の次元の2乗となっているので，直感的にわかりにくいパラメータである．しかしこれは，先ほど解説したように不偏分散は不偏推定量であり，また算出も容易であることからよく用いられる．

　単にばらつきを表すパラメータであれば，残差の2乗和の代わりに残差の絶対値の和を求めた，

$$x_\mathrm{M} = \frac{\sum_{i=1}^{n} |x_i - \bar{x}|}{n} \tag{2.67}$$

でもよいはずである．この式（2.67）で表されるばらつきの指標のことは平均偏差と呼ばれる．しかし平均偏差はほとんど使われることはない．なぜなら平均偏差は母標準偏差の不偏推定量ではなく，また計算が煩雑になるからである．

　さらに不偏分散の平方根である標本標準偏差も不偏推定量ではない．不偏推定量である不偏分散の平方根をとるだけでも不偏ではなくなる．母集団が正規分布（正規分布に関しては次節以降を参照）に従うとき，不偏な標本標準偏差は，

$$s^*(x) = \sqrt{\frac{n-1}{2}} \frac{\Gamma\{(n-1)/2\}}{\Gamma(n/2)} s(x) \tag{2.68}$$

によって求められる．$\Gamma(x)$ はガンマ関数と呼ばれるもので，詳細はコラム3を参照のこと．

　ここで標本標準偏差は母標準偏差の値と比べ，どの程度のかたよりがあるのかを簡単に考えてみよう．母平均0，母標準偏差1の標準正規分布からデータをランダムに10個サンプリングし，その標本平均，標本分散，標本標準偏差を求める．これを1000回繰り返し，1000個の標本平均，標本分散，標本標準偏差のそれぞれの平均値を求める．この手順を3回繰り返した結果を表9に示す．

2.6 母分散と標本分散

表9 母標準偏差と標本標準偏差

	母集団	標本1	標本2	標本3
平　均	0	−0.0077	0.0111	−0.0028
分　散	1	1.0250	1.0070	0.9929
標準偏差	1	0.9860	0.9761	0.9721

　これを見てわかるように，標本平均，標本分散はそれぞれ0,1を中心として分布していることがわかるが，標本標準偏差は0.98周辺に分布していることがわかる．つまり，標本標準偏差は母標準偏差を若干過小に推定しているということである．ただし，その過小評価分はこの場合では2〜3%程度である．この2〜3%という値は通常問題にならないほど小さい（詳細はコラム5を参照のこと）．よって，ばらつきを表す指標としては不偏分散，そして扱いの楽な標本標準偏差が用いられるのである．

　また，標本標準偏差は母標準偏差より常に小さな値となる．なぜなら，式(2.33)より，

$$V(x) = E(x^2) - \{E(x)\}^2 \tag{2.69}$$

ここで，確率変数 x が標本標準偏差 $s(x)$ であったとすると，

$$V\{s(x)\} = E\{s^2(x)\} - [E\{s(x)\}]^2 = \sigma^2 - [E\{s(x)\}]^2 \tag{2.70}$$

となる．式(2.70)の左辺は，標本標準偏差の母分散である．母分散は必ず正の値か0である．よって，

$$\begin{aligned} \sigma^2 - [E\{s(x)\}]^2 &\geq 0 \\ [E\{s(x)\}]^2 &\leq \sigma^2 \\ E\{s(x)\} &\leq \sigma \end{aligned} \tag{2.71}$$

となり，標本標準偏差の期待値は母標準偏差と等しい，または，母標準偏差より小さい．等しくなるときは，標本標準偏差の母分散が0になるとき，すなわち無限回の測定を行ったときであるので，現実では標本標準偏差の期待値は必ず母標準偏差より小さくなる．

2.7 相関

2.1節において,「独立」に関して簡単に触れた.そこでは,「確率変数 x と y が互いに影響し合うことがなく,全く別個に値が決定する,ということを意味している.」とだけ述べた.本節では「独立」ではないときについて考える.

確率変数 x と y が独立でないとき,「確率変数 x と y が**相関を持つ**」という.このときは,一方の確率変数が決まれば,その値によってもう一方の確率変数の値に影響を与えるということである.例えば,吸湿性材料の質量とその水分量の関係である.水分量が多ければ質量も増えることは容易に想像ができるであろう.このようなとき,質量を表す確率変数 m と水分量を表す確率変数 w の間の関係は独立であるとはいえない.w の値が大きければ,m の値も大きくなるであろう.また,気体の温度と相対湿度では,ある一定の水分が気体中に含まれているとき,その気体の温度が上がれば相対湿度は下がり,温度が下がれば相対湿度は上がる.これも気体の温度を表す確率変数 t と相対湿度を表す確率変数 h の間の関係は独立であるとはいえない.しかし先ほどの例とは逆で,片方が大きくなるともう片方が小さくなるという関係である.このような関係を「負の相関」,先ほどのように片方が大きくなるともう片方も大きくなる関係を「正の相関」を持つという.

この相関の大きさを示すパラメータを考える.相関を持つ2つの確率変数を x, y とすると,x が平均値から大きく離れたとき,y も平均値から大きく離れ,x が平均値と同じくらいの大きさのとき,y も平均値と同じくらいの大きさとなるはずである.これを数式で表すためには,

$$S_{xy} = \sum_{i=1}^{n}(x_i - \bar{x})(y_i - \bar{y}) \tag{2.72}$$

というものを考えればよい.つまり x, y が強い正の相関を持つとき,x_i が平均値より非常に大きな値であったとき,y_i も平均値より非常に大きな値となるので,$(x_i - \bar{x})(y_i - \bar{y})$ の値は非常に大きくなる.このとき式 (2.72) がどのような値になるかを考えよう.

まず,一方の値が決定した場合,もう一方の値もただ1つに決定するとし,

さらに x, y の値が直線関係を持つのであれば，

$$y_i - \bar{y} = t(x_i - \bar{x}) \tag{2.73}$$

が成立するはずである．またここでは正の相関を考えているので，$t>0$ である．このとき式 (2.72) は，

$$S_{xy} = \sum_{i=1}^{n}(x_i - \bar{x})(y_i - \bar{y}) = t\sum_{i=1}^{n}(x_i - \bar{x})^2 \tag{2.74}$$

となる．ここで，x, y の残差の2乗和はそれぞれ，

$$S_x = \sum_{i=1}^{n}(x_i - \bar{x})^2 \tag{2.75}$$

$$S_y = \sum_{i=1}^{n}(y_i - \bar{y})^2 = t^2\sum_{i=1}^{n}(x_i - \bar{x})^2 \tag{2.76}$$

である．ここで，以下の式を考える．

$$r = \frac{S_{xy}}{\sqrt{S_x S_y}} = \frac{t\sum_{i=1}^{n}(x_i - \bar{x})^2}{\sqrt{t^2\left\{\sum_{i=1}^{n}(x_i - \bar{x})^2\right\}^2}} = \frac{t\sum_{i=1}^{n}(x_i - \bar{x})^2}{t\sum_{i=1}^{n}(x_i - \bar{x})^2} = 1 \tag{2.77}$$

となる．つまり，このような場合 r の値は 1 となる．これを正の完全相関という．また逆に負の完全相関も考えることができ，その場合，

$$r = \frac{S_{xy}}{\sqrt{S_x S_y}} = \frac{t\sum_{i=1}^{n}(x_i - \bar{x})^2}{\sqrt{t^2\left\{\sum_{i=1}^{n}(x_i - \bar{x})^2\right\}^2}} = \frac{t\sum_{i=1}^{n}(x_i - \bar{x})^2}{-t\sum_{i=1}^{n}(x_i - \bar{x})^2} = -1 \tag{2.78}$$

となる．

次に x, y が独立であるときを考えると，x_i が平均値より非常に大きな値であったとき，y_i の値がどのくらいになるのかは一切わからない．つまり，平均値ちょうどくらいのときもあれば，平均値から正の方向へ大きく離れているとき，負の方向に離れているときもある．よって，その和をとれば0に近付くことが予想できる．よって，

$$S_{xy} = \sum_{i=1}^{n}(x_i - \bar{x})(y_i - \bar{y}) \approx 0 \tag{2.79}$$

つまり，

$$r = \frac{S_{xy}}{\sqrt{S_x S_y}} \approx 0 \tag{2.80}$$

となるはずである．これらを見てわかるように，r によって相関の強さを表すことができる．完全相関の場合は $r=\pm 1$ となり，相関が存在しない場合は $r=0$ となる．相関が大きくなるにつれ r の値が 0 から離れていくということである．この r のことを**標本相関係数**といい，相関の強さを表す指標である．また，S_{xy} を自由度 $n-1$ で割ったものを**標本共分散**といい，s_{xy}，$s(x, y)$ などと表す．

$$s_{xy}=\frac{S_{xy}}{n-1}=\frac{\sum_{i=1}^{n}(x_i-\bar{x})(y_i-\bar{y})}{n-1} \tag{2.81}$$

また式 (2.81) の標本共分散を母数で示すと，

$$\sigma(x, y)=E\{(x-\mu_x)(y-\mu_y)\} \tag{2.82}$$

となる．この $\sigma(x, y)$ を**母共分散**といい σ_{xy}，$\mathrm{Cov}(x, y)$ などと表す．ここで，式 (2.82) を変形すると，

$$\begin{aligned}
\sigma(x, y)&=E\{(x-\mu_x)(y-\mu_y)\}\\
&=E(xy-\mu_x y-\mu_y x+\mu_x\mu_y)=E(xy)-\mu_x E(y)-\mu_y E(x)+\mu_x\mu_y\\
&=E(xy)-\mu_x\mu_y-\mu_y\mu_x+\mu_x\mu_y=E(xy)-\mu_x\mu_y\\
&=E(xy)-E(x)E(y)
\end{aligned}$$

つまり，

$$E(xy)=E(x)E(y)+\mathrm{Cov}(x, y) \tag{2.83}$$

となる[8]．これは式 (2.9) を x, y が独立でないときも含め拡張した形である．

標本共分散は相関係数と同じく x, y の間に相関があれば 0 から離れた値となり，相関が存在しない場合は，0 に近付く．ただし相関係数とは異なり，x, y の 2 乗和によって規格化されていないので，絶対値の大きさがどのような値になるかということはわからない．よって通常相関については相関係数を用いて表すことが多い．

また，

---

[8] $\mathrm{Cov}(x, y)$ は，$E(x)$ や $V(x)$ と一緒に用いられることが多い演算子なので，ここでは $\sigma(x, y)$ の代わりに $\mathrm{Cov}(x, y)$ を用いた．

2.7 相関

$$r = \frac{S_{xy}}{\sqrt{S_x S_y}} = \frac{\sum_{i=1}^{n}(x_i-\bar{x})(y_i-\bar{y})}{\sqrt{\sum_{i=1}^{n}(x_i-\bar{x})^2 \cdot \sum_{i=1}^{n}(y_i-\bar{y})^2}}$$

$$= \frac{\sum_{i=1}^{n}(x_i-\bar{x})(y_i-\bar{y})}{n-1} \Big/ \frac{\sqrt{\sum_{i=1}^{n}(x_i-\bar{x})^2 \cdot \sum_{i=1}^{n}(y_i-\bar{y})^2}}{n-1} \quad (2.84)$$

$$= \frac{\sum_{i=1}^{n}(x_i-\bar{x})(y_i-\bar{y})}{n-1} \Big/ \sqrt{\frac{\sum_{i=1}^{n}(x_i-\bar{x})^2}{n-1} \cdot \frac{\sum_{i=1}^{n}(y_i-\bar{y})^2}{n-1}} = \frac{s_{xy}}{\sqrt{s_x^2 \cdot s_y^2}}$$

であるから，標本相関係数 r と x, y の標本分散を用いて標本共分散を表すと，

$$s_{xy} = r\sqrt{s_x^2 \cdot s_y^2} = r \cdot s_x \cdot s_y \quad (2.85)$$

となる．ここで，s_x, s_y は x, y の標本標準偏差である．つまり，相関係数とそれぞれの確率変数の標本標準偏差がわかっていれば，共分散は計算できる．

また母共分散と同様に**母相関係数** $\rho_{xy}, \rho(x, y)$ も考えることができ，x の母分散を $\sigma^2(x)$, y の母分散を $\sigma^2(y)$ とし，式 (2.84) を母数に置き換えると，

$$\rho(x, y) = \frac{\sigma(x, y)}{\sigma(x)\sigma(y)} \quad (2.86)$$

$$\sigma(x, y) = \sigma(x) \cdot \sigma(y) \cdot \rho(x, y) \quad (2.87)$$

となる．

次に，分散の加法性を各確率変数が独立でないときまで拡張する．式 (2.38) を式 (2.88) として再掲する．

$$V(x \pm y) = E\{(x-\mu_x)^2\} + E\{(y-\mu_y)^2\} \pm 2E\{(x-\mu_x)(y-\mu_y)\} \quad (2.88)$$

ここで，相関を考慮すると式 (2.88) は，式 (2.82) より，

$$V(x \pm y) = V(x) + V(y) \pm 2\text{Cov}(x, y) = \sigma^2(x) + \sigma^2(y) \pm 2\sigma(x, y) \quad (2.89)$$

と表すことができる．

相関において一番問題なのは，直線の関係があるからといって，その確率変数で表される量の間に何らかの直接的に影響を与える関係があるということにはならないことである．例えば，成人男性においては足の速さと年収は負の相関関係が存在する．つまり足が速ければ速いほど年収は低くなる．これは考えてみれば当然である．年収が高い人は年齢が高い人が多いだろう．また，若い人の方が高齢の人より足が速いだろう．よって，足が速いほど年収が低くなる

ということはある程度いえるはずである．しかしこれは年収が足の速さに影響を与えているわけでもなく，足の速さが年収に影響を与えているわけでもない．年収，足の速さは両方とも年齢によって影響されている．つまり，年収と年齢は直接的な関係があり，年齢と足の速さも直接的な関係がある．しかし，年収と足の速さは直接的な関係はないにもかかわらず，相関は存在する．よって，相関があるということが2つの量の間に直接的な関係が存在するという証拠にはならない．また，相関係数は影響を与える方向についての情報も与えない．例えば，ある食品の摂取量と肥満率に負の相関が存在し，やせている人ほどその食品をよく食べる，という関係が見えたとしても，その食品がダイエットに効果があると結論付けるのは問題がある．その食品に痩身効果があるので，その食品をよく食べる人がやせているのであるか，やせている人はカロリーが高い食品をあまり好まず，カロリーが高い食品を食べる代わりにその食品を食べているのであるのか，ということについて相関係数は何も情報を与えない．その食品に痩身効果があるかどうかは，ほかに臨床的な研究を行わなければ判断が付かない．相関はこれらのことに十分に気を付けて用いる必要がある．

例3：純水の体積の測定

10個の容器に測り取った純水約10 mLの質量測定を行い，その質量と，測り取った際の温度，その温度から求められる水の密度を求めた．水の密度はCIPM推奨の近似式[9]から求めた．その結果例を表10に示す．ここで，dは純水の密度[10]，mは純水の質量，Vは純水の体積を表す．このときのdとmの関係をグラフに表したものを図14に示す．

この図14で示されたグラフのことを**散布図**という．散布図はx軸，y軸そ

---

[9] M. Tanaka *et al*, Recommended table for the density of water between 0℃ and 40℃ based on recent experimental report, *Metrologia*, **38**, 301-309（2001）より．CIPMは国際度量衡委員会の略称であり，メートル条約の最上位機関．近似式は，

$$\rho = 0.999974950 \left[1 - \frac{(t-3.983035)^2(t+301.797)}{522528.9(t+69.34881)} \right]$$

である．

[10] 通常水の密度はギリシャ文字ρを用いて表されることが多いが，本書ではギリシャ文字は母数を表すこととしているため，densityの頭文字のdを用いた．

2.7 相関

表10 純水の体積測定結果例（その1）

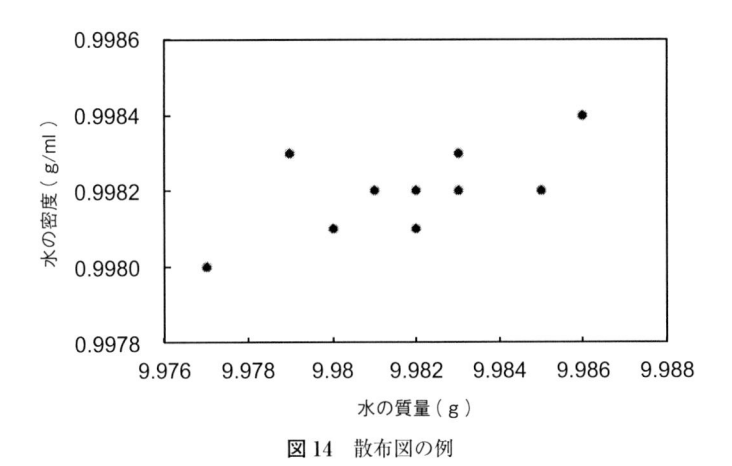

t (℃)	d (g/mL)	m (g)	V (mL)
20.6	0.9981	9.982	10.001
21.0	0.9980	9.977	9.997
20.0	0.9982	9.985	10.003
20.2	0.9982	9.982	10.000
19.9	0.9982	9.983	10.001
20.1	0.9982	9.981	9.999
20.7	0.9981	9.980	9.999
19.6	0.9983	9.979	9.996
19.7	0.9983	9.983	10.000
19.1	0.9984	9.986	10.002

図14 散布図の例

れぞれに相関があるかどうかを知りたい量の値を割り当て，プロットしたものである．図15に散布図の読取り法について示す．

図15より，相関が強くなるに従って，データをプロットした点が直線に近付いていく．また右上がりのときは相関係数が正となり，右下がりのときは相関係数が負となる．相関係数が ± 1 の完全相関であるときは，すべてのデータが直線上にのる．またあくまでも相関は2つの量の間に直線関係があるかどうか，ということを調べるだけである．つまり図15の右上のグラフのように，2次の関係が存在すると考えられる場合には相関係数は0に近付く．もちろん2次の関係だけではなく，指数関数，対数関数などの関係，つまりは直線以外の

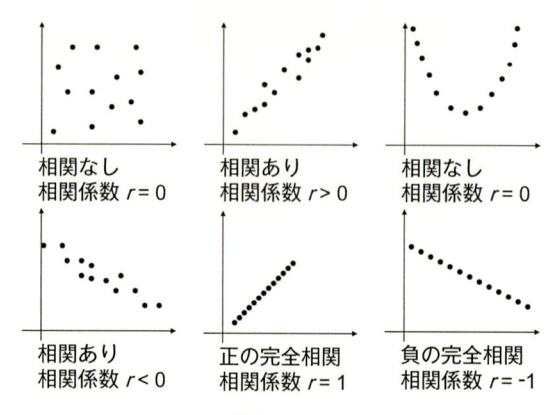

図15 散布図の読取り法

関係を相関係数によって知ることはできない．

　これらを前提に図14を見ると，ある程度正の相関があるように見える．このように散布図は相関があるかどうかを簡易的に判断することができる．
では，このとき標本共分散は，

$$s(d, m) = \frac{\sum_{i=1}^{n}(d_i - \overline{d})(m_i - \overline{m})}{n-1} = 0.0000001800 \quad (2.90)$$

であり，標本相関係数は，

$$r = \frac{s(d, m)}{s(d) \cdot s(m)} = \frac{0.0000001800}{0.0001095 \cdot 0.002561} = 0.6415 \quad (2.91)$$

となる．よって散布図で予想した通り，水の密度と水の質量の間には相関がある程度存在することがわかった．

　先ほど2次の関係のみしか存在しない場合では相関係数は0となると解説したが，2次の関係しか存在しない場合であっても，測定結果が左右対称ではない有限の範囲で切り取られていたりすると相関係数が0ではなく，強い相関を示すことはある．例えば，2次関数$y=x^2$が定義域$2<x<4$のみのデータが示されていればそこそこ直線に当てはまることから考えるとわかるだろう．よって相関を考えるときにはでき得る限り散布図をまず作成すべきである．散布図を作成した結果どのような関係が存在するのかをある程度見通したうえで相関係数を求めるべきである．

2.8 誤差・不確かさの伝播則

　分散を合成するためには，各確率変数が独立なときは式（2.36），相関があるときは，式（2.89）を用いるが，これは確率変数の和の分散を求めたいときだけに用いることができる．しかし長方形の面積を求める際において，縦の長さを測定したときの分散と横の長さを測定したときの分散から，その長方形の面積の分散を知りたいというような場合も多く存在する．この長方形の面積の分散を算出するには，各確率変数の積の分散を算出しなければならない．このように和で表されない場合も分散を合成したいということは多々存在する．一般的に確率変数が n 個 $(x_1, x_2, ..., x_i, ..., x_n)$ 存在し，その確率変数が入力となり，ある関数関係によって出力 y が算出されるときに，y の分散を求める方法を考える．

　まず，x_i と y の間の関数関係を式（2.92）として表す．

$$y = f(x_1, x_2, ..., x_i, ..., x_n) \tag{2.92}$$

　式（2.92）のように x_i と y の間の関数関係が表されるとき，各 x_i で表す量のことを**入力量**，y で表される量のことを**出力量**といい，式（2.92）のことを**測定のモデル式**という．ここで，x_i に注目する．$x_i = x_{i0}$ のとき微小量 Δx_i だけずれたときの y の変位 Δy_i は図16のようになる．

　このとき，Δx_i と Δy の関係を簡潔に表すことを考える．まず，$x_i = x_{i0}$ 上での接線を引き，その接線を $y = f(x_1, x_2, ..., x_i, ..., x_n)$ の近似と考える．これは，Δx_i が微少量であれば問題のない近似である．その接線を用いて，Δx_i と Δy_i の関係を求めると図17のようになる．

　つまり，Δx_i と Δy_i の関係は，

$$\Delta y_i = \frac{\partial y}{\partial x_i} \Delta x_i \quad \left(\frac{\partial y}{\partial x_i} \text{ は，} y \text{ の } x_i \text{ による偏微分}\right) \tag{2.93}$$

と表すことができる．また，すべての i について考えると，それぞれの Δx_i によって引き起こされる Δy_i の和が y の全変位 Δy となるので，

$$\Delta y = \frac{\partial y}{\partial x_1} \Delta x_1 + \frac{\partial y}{\partial x_2} \Delta x_2 + \cdots + \frac{\partial y}{\partial x_n} \Delta x_n \tag{2.94}$$

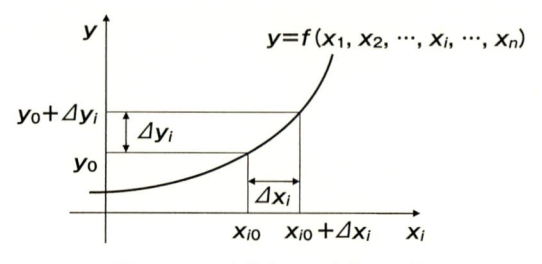

図16 x_i の変位と y の変位の関係

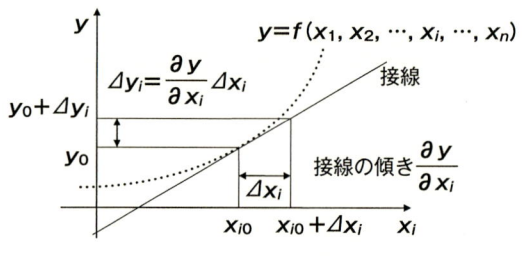

図17 x_i の変位と y の変位の近似関係

が成立する.次に,式 (2.94) の両辺の分散を求める.Δx_i を (2.30) で定めた偏差とすると

$$V(\Delta y) = V\left(\frac{\partial y}{\partial x_1}\Delta x_1 + \frac{\partial y}{\partial x_2}\Delta x_2 + \cdots + \frac{\partial y}{\partial x_n}\Delta x_n\right) \tag{2.95}$$

ここで,式 (2.32) より,

$$\begin{aligned}
V(\Delta y) &= V\left(\frac{\partial y}{\partial x_1}\Delta x_1 + \frac{\partial y}{\partial x_2}\Delta x_2 + \cdots + \frac{\partial y}{\partial x_n}\Delta x_n\right) \\
&= E\left\{\left(\frac{\partial y}{\partial x_1}\Delta x_1 + \frac{\partial y}{\partial x_2}\Delta x_2 + \cdots + \frac{\partial y}{\partial x_n}\Delta x_n\right)^2\right\} \\
&= E\left\{\sum_{i=1}^{n}\sum_{j=1}^{n}\left(\frac{\partial y}{\partial x_i}\right)\left(\frac{\partial y}{\partial x_j}\right)\Delta x_i\Delta x_j\right\} = \sum_{i=1}^{n}\sum_{j=1}^{n}\left(\frac{\partial y}{\partial x_i}\right)\left(\frac{\partial y}{\partial x_j}\right)E(\Delta x_i\Delta x_j)
\end{aligned} \tag{2.96}$$

となる.そうすると $E(\Delta x_i \Delta x_j)$ は,

$$\begin{aligned}
i=j \text{ のとき} \quad & E(\Delta x_i\Delta x_j) = \sigma^2(x_i) \\
i \neq j \text{ のとき} \quad & E(\Delta x_i\Delta x_j) = \sigma(x_i, x_j)
\end{aligned} \tag{2.97}$$

であるので,式 (2.96) は,

2.8 誤差・不確かさの伝播則

$$V(\Delta y) = \sum_{i=1}^{n} \sum_{j=1}^{n} \left(\frac{\partial y}{\partial x_i}\right)\left(\frac{\partial y}{\partial x_j}\right) E(\Delta x_i \Delta x_j)$$

$$= \sum_{i=1}^{n} \left(\frac{\partial y}{\partial x_i}\right)^2 \sigma^2(x_i) + 2\sum_{i=1}^{n-1} \sum_{j=i+1}^{n} \left(\frac{\partial y}{\partial x_i}\right)\left(\frac{\partial y}{\partial x_j}\right) \sigma(x_i, x_j) \quad (2.98)$$

$V(\Delta y)$ は y の分散であるので,

$$\sigma^2(y) = V(\Delta y) \quad (2.99)$$

とし,式 (2.87),式 (2.99) を用いて,式 (2.98) を書き直すと,

$$\sigma^2(y) = \sum_{i=1}^{n} \left(\frac{\partial y}{\partial x_i}\right)^2 \sigma^2(x_i) + 2\sum_{i=1}^{n-1} \sum_{j=i+1}^{n} \left(\frac{\partial y}{\partial x_i}\right)\left(\frac{\partial y}{\partial x_j}\right) \sigma(x_i, x_j) \quad (2.100)$$

または,

$$\sigma^2(y) = \sum_{i=1}^{n} \left(\frac{\partial y}{\partial x_i}\right)^2 \sigma^2(x_i) + 2\sum_{i=1}^{n-1} \sum_{j=i+1}^{n} \left(\frac{\partial y}{\partial x_i}\right)\left(\frac{\partial y}{\partial x_j}\right) \sigma(x_i)\sigma(x_j)\rho(x_i, x_j) \quad (2.101)$$

となる.この式 (2.100),式 (2.101) のことを**誤差の伝播則**といい,図17で示した直線近似を行うことができ,さらにその直線近似が近似として受け入れられるのであれば,y と x_i の関数関係がどのようなものであっても,分散を合成できるということがわかる.

近年では,測定の不確かさ評価が一般に広く行われつつあるが,不確かさ評価の文脈では式 (2.101) のことを**不確かさの伝播則**と呼ぶ[11].本書では誤差,不確かさの伝播則を以下「伝播則」と呼ぶ.

また,各 x_i 間に相関が存在しないとすると,式 (2.101) は,

$$\sigma^2(y) = \sum_{i=1}^{n} \left(\frac{\partial y}{\partial x_i}\right)^2 \sigma^2(x_i) \quad (2.102)$$

と表すことができる.

例4:純水の体積の測定(続き)

共分散,相関係数のところで紹介した純水の体積測定の例3を用いて伝播則について考える.表11に測定結果例,標本平均,標本標準偏差,標本平均の標本標準偏差,相関係数を示す.

表11の結果において,体積のばらつきを伝播則を用いて求めることを考える.

---

[11] 伝播則は厳密にはモデル式をテイラー展開し求めるが,ここでは触れず専門書にゆずる.ただし,基本的な原理はここで示したものと同じである.

表11 純水の体積測定結果例（その2）

番号	d (g/mL)	m (g)	V (mL)
1	0.9981	9.982	10.001
2	0.9980	9.977	9.997
3	0.9982	9.985	10.003
4	0.9982	9.982	10.000
5	0.9982	9.983	10.001
6	0.9982	9.981	9.999
7	0.9981	9.980	9.999
8	0.9983	9.979	9.996
9	0.9983	9.983	10.000
10	0.9984	9.986	10.002
標本平均	0.99820	9.9818	9.9998
標本標準偏差	0.0001155	0.002700	0.002150
標本平均の標本標準偏差	0.00003651	0.0008537	0.0006799
相関係数	0.6415		

体積の算出式は,

$$V = \frac{m}{d} \tag{2.103}$$

である. 式（2.103）に伝播則を適用すると,

$$\begin{aligned}\sigma^2(V) &= \left(\frac{\partial V}{\partial m}\right)^2 \sigma^2(m) + \left(\frac{\partial V}{\partial d}\right)^2 \sigma^2(d) + 2\rho\left(\frac{\partial V}{\partial m}\right)\left(\frac{\partial V}{\partial d}\right)\sigma(m)\sigma(d) \\ &= \left(\frac{1}{d}\right)^2 \sigma^2(m) + \left(-\frac{m}{d^2}\right)^2 \sigma^2(d) + 2\rho\left(\frac{1}{d}\right)\left(-\frac{m}{d^2}\right)\sigma(m)\sigma(d)\end{aligned} \tag{2.104}$$

となる. ここで気を付けなければいけないのは, 水の質量と水の密度の間には相関が存在することである. よって, 式（2.101）の相関を考慮した伝播則を用いる必要がある.

ここで, 各 σ は母数であるので, 実際には知ることができない. よってこれを標本標準偏差 s で置き換え, さらに母相関係数 ρ も標本相関係数 r に置き換える.

$$s^2(V) = \left(\frac{1}{d}\right)^2 s^2(m) + \left(-\frac{m}{d^2}\right)^2 s^2(d) + 2r\left(\frac{1}{d}\right)\left(-\frac{m}{d^2}\right)s(m)s(d) \tag{2.105}$$

式（2.105）に表11で示した標本平均, 標本標準偏差, 標本相関係数を代入

すると，

$$s^2(V) = \left(\frac{1}{0.99820}\right)^2 0.0008537^2 + \left(-\frac{9.9818}{0.99820^2}\right)^2 0.00003651^2$$
$$+ 2 \cdot 0.6415 \left(\frac{1}{0.99820}\right)\left(-\frac{9.9818}{0.99820^2}\right) 0.0008537 \cdot 0.00003651$$
$$= 0.0000004639$$
$$s(V) = 0.0006811 \tag{2.106}$$

となる．このようにして入力量の値のばらつきから出力量の値のばらつきを求めることができるが，実はこの方法はあまり推奨できない．表11で示されるように，各入力量の値を同時に測定している場合では，測定結果 d_i と m_i から出力量の値 V_i を求め，V_i の標本標準偏差をそのまま求める方がよい．今回の例では，V の標本平均の標本標準偏差は，0.0006799 となっており，これは式 (2.106) で求めた標準偏差とほぼ同一のものである．このように出力量の値の標本標準偏差を求めれば，相関を考慮することなく簡単に標準偏差を求めることができ，さらに式 (2.103) に伝播則を適用することなく標準偏差を求めているので，直線近似が行われず，こちらの方がさらに正しい標準偏差が推定できる．

このように入力量の測定データを同時に測定している場合には相関を考慮した伝播則を用いる必要はほとんどない．ただし，入力量が別々に測定されており，何らかの形でその入力量の値の間の相関係数が与えられているときには相関を考慮した伝播則を用いて標準偏差を推定しなければならない．

コラム3　ガンマ関数について

ガンマ関数は，階乗を拡張した関数である．階乗は，
$$n! = 1 \times 2 \times \cdots \times (n-1) \times n \tag{2.107}$$
によって表すことができる．これを漸化式を用いて表すことを考える．$n!$ は，
$$n! = 1 \times 2 \times \cdots \times (n-1) \times n = n \cdot (n-1)! \tag{2.108}$$
であるので，ガンマ関数を，
$$\Gamma(n+1) = n! \tag{2.109}$$

であるとおくと，式 (2.108) は，
$$\Gamma(n+1)=n\Gamma(n) \tag{2.110}$$
となる．ここで，定義域を2以上の実数全体に拡張する[12]と，式 (2.110) は，
$$\Gamma(x+1)=x\Gamma(x) \tag{2.111}$$
ここで，x は2以上の実数である．

この漸化式を満たす関数を求めると，
$$\Gamma(x)=\int_0^\infty t^{x-1}e^{-t}dt \tag{2.112}$$
となる．式 (2.112) はオイラーによる式で，どうやらオイラーは直感的にこの式を発見したようである．ここでは簡単になぜ式 (2.112) が式 (2.111) を満たしているのかを見てみよう．

式 (2.112) を部分積分すると，
$$\begin{aligned}\Gamma(x)&=\int_0^\infty t^{x-1}e^{-t}dt=\int_0^\infty t^{x-1}(-e^{-t})'dt=[t^{x-1}(-e^{-t})]_0^\infty-\int_0^\infty (t^{x-1})'(-e^{-t})dt\\&=-\lim_{t\to\infty}\frac{t^{x-1}}{e^t}+(x-1)\int_0^\infty t^{x-2}e^{-t}dt\end{aligned} \tag{2.113}$$
となる．ここで，右辺第1項は，極限を考えると分母の指数関数の方が分子より大きな値をとることは自明なので0となる．また右辺第2項の積分は，
$$\int_0^\infty t^{x-2}e^{-t}dt=\Gamma(x-1) \tag{2.114}$$
であるので，式 (2.113) は，
$$\begin{aligned}\Gamma(x)&=-\lim_{t\to\infty}\frac{t^{x-1}}{e^t}+(x-1)\int_0^\infty t^{x-2}e^{-t}dt\\&=(x-1)\Gamma(x-1)\end{aligned} \tag{2.115}$$
となる．これは，式 (2.111) と同様のものである．また階乗の性質から，
$$\Gamma(2)=(2-1)!=1 \tag{2.116}$$
であるが，これも，

---

[12] 実際にはガンマ関数は2以上の実数だけでなく，実数全体にも拡張でき，さらに複素数領域にも拡張できる．

$$\begin{aligned}
\Gamma(2) &= \int_0^\infty t^{2-1} e^{-t} dt = \int_0^\infty t e^{-t} dt = \int_0^\infty t(-e^{-t})' dt \\
&= [-te^{-t}]_0^\infty - \int_0^\infty t'(-e^{-t}) dt = 0 + \int_0^\infty e^{-t} dt \\
&= [-e^{-t}]_0^\infty = 0 - (-1) = 1
\end{aligned} \quad (2.117)$$

となり,式 (2.116) と一致する.よって,ガンマ関数は階乗を拡張したものといえる.図 18 にガンマ関数を図示したものを載せる.

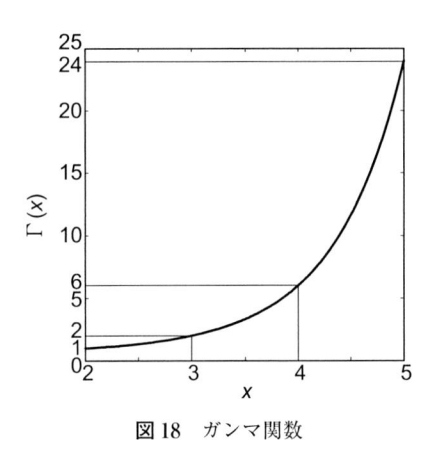

図 18 ガンマ関数

図 18 を見てわかるように,$\Gamma(2)=1$,$\Gamma(3)=2$,$\Gamma(4)=6$,$\Gamma(5)=24$ である.これは,それぞれ $1!=1$,$2!=2$,$3!=6$,$4!=24$ と一致している.このようにガンマ関数は階乗を拡張した関数であるということがわかる.

演習問題

問題 1

1から6の目を持つサイコロと，1から4の目を持つサイコロを同時に投げ，出た目の和の確率関数，期待値，分散を求め，確率関数を図示せよ．

問題 2

連続分布の1つに三角分布というものがある．三角分布は図19に示すように，確率密度関数が二等辺三角形になる分布である．
1) 三角分布の$x=\mu$のときの確率密度の値$f(\mu)$の値を求めよ．
2) 三角分布の期待値と分散を求めよ．
3) 測定結果xが図19に示す三角分布に従うとき，測定結果が$\mu \leq x \leq \mu + \alpha/2$に含まれる確率を求めよ．

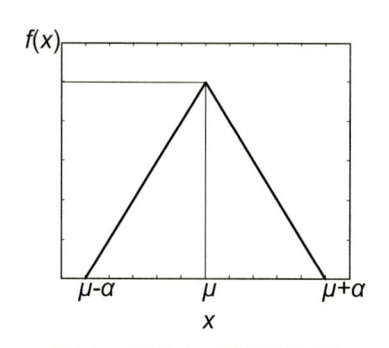

図19 三角分布の確率密度関数

問題 3

各測定の測定結果をxとし，測定結果の標本平均を$\bar{x}$としたとき，xの期待値も$\bar{x}$の期待値も両方μとなるので，xも$\bar{x}$も両方不偏推定量である．ではなぜ，最終的な測定結果として各測定の測定結果xではなく，その標本平均の$\bar{x}$を通常用いるのか説明せよ．

問題 4

ある測定における母平均が既知であるとき（例えば，これまでに多数蓄積し

たデータから算出した標本平均などの十分信頼できる母平均の推定値がわかっているとき),この母平均を用いて算出した分散,

$$s^2(x) = \frac{\sum_{i=1}^{n}(x_i-\mu)^2}{n} \tag{2.118}$$

の期待値を求めよ.

問題 5

2.7 節にて,2 次の関係があるとき相関係数は 0 になる,と解説したが,実際に入力量の値 x と出力量の値 y が 2 次の関係,例えば $y=2x^2+4x+4$ を満たすときの相関係数を表 12 の値を用いて求めよ.

また,$y=2x^2+4x+4$ は変形すると $y=2(x+1)^2+2$ となる.ここで入力量の値を $(x+1)^2$ と考え,$(x+1)^2$ と y の間の相関係数を求めよ.

表 12 2 次関数の入力量と出力量の値

入力量 x の値	入力量 $(x+1)^2$ の値	出力量 y の値
-5	16	34
-3	4	10
-1	0	2
1	4	10
3	16	34

3. 正規分布

　測定結果が得られた後には，得られた値を何かの値と比較したり，評価したり，ということが行われることになる．例えば，分析した試料が基準値を超えているのかどうかの判定を行ったり，標準物質やコントロール物質の認証値や付与値と差があるのかないのかを判断したり，複数の分析法の測定結果から測定法の比較を論ずる，などである．その際には，どうしても値そのものに注意が集中しがちである．しかし，この章に述べられている通り，実際には，その測定値がどのくらい確かなのか，ということにも注意すべきであり，このことは，評価の結果にも影響を及ぼす可能性がある．推定と検定の考え方はその際に知っておきたい事項である．

3.1 正規分布と関連する確率分布

3.1.1 正規分布

　本節では，測定結果に統計的手法を適用する際によく用いられる確率分布について紹介する．通常最もよく用いられる確率分布は正規分布である．正規分布とは確率密度関数が左右対称となるきれいな山形をした分布のことである．正規分布の確率密度関数は，

$$f(x)=\frac{1}{\sqrt{2\pi\sigma^2}}\exp\left\{-\frac{1}{2}\frac{(x-\mu)^2}{\sigma^2}\right\} \tag{3.1}$$

で表される．式 (3.1) 中で正規分布を一意に決定するために必要なパラメータは，μ と σ^2 である．つまり，正規分布は母平均と母分散の値を与えると一意に決定する．よって，母平均 μ，母分散 σ^2 の正規分布のことを

$$N(\mu, \sigma^2) \tag{3.2}$$

と表すこともある．ここで，N は正規分布の英訳 normal distribution の頭文

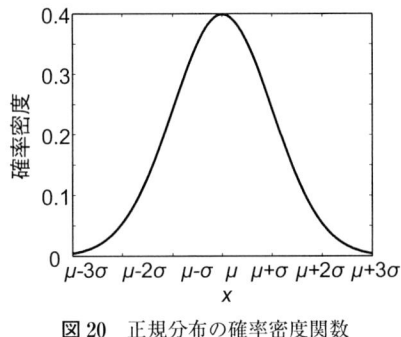

3.1 正規分布と関連する確率分布

図 20 正規分布の確率密度関数 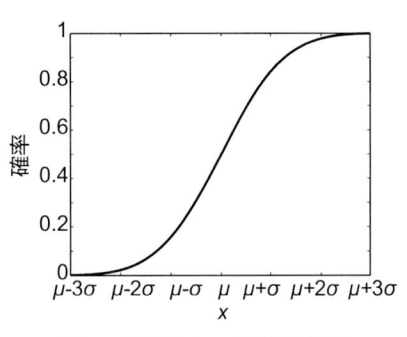　　**図 21** 正規分布の累積分布関数

字である．

正規分布の確率密度関数を図 20 に示す．

また，正規分布の累積分布関数は，

$$F(x)=\int_{-\infty}^{x}f(t)dt=\frac{1}{\sqrt{2\pi\sigma^2}}\int_{-\infty}^{x}\exp\left\{-\frac{1}{2}\frac{(t-\mu)^2}{\sigma^2}\right\}dt \tag{3.3}$$

によって計算できる．正規分布の累積分布関数を図 21 に示す．

x が母平均 μ，母分散 σ^2 の正規分布に従っていると $x-\mu$ は母平均 0，母分散 σ^2 の正規分布に従う．これは単に x が μ だけ平行移動しただけなので当然だろう．さらにこれを母標準偏差で割った $(x-\mu)/\sigma$ の分布を考えると，これは母標準偏差が σ であったのが，1 になるわけなので，母平均 0，母標準偏差 1 の正規分布となる．これを図示したものを図 22 に示す．

この母平均が 0，母標準偏差が 1 となる正規分布のことを標準正規分布または，規準正規分布という．つまり，測定結果 x が正規分布に従っていると考えられるとき，$(x-\mu)/\sigma$ の分布は必ず母平均 0，母標準偏差 1 の標準正規分布に従うということである．標準正規分布の確率密度関数，累積分布関数は，式 (3.4)，式 (3.5) のようになる．

$$f(z)=\frac{1}{\sqrt{2\pi}}\exp\left(-\frac{1}{2}z^2\right) \tag{3.4}$$

$$F(z)=\frac{1}{\sqrt{2\pi}}\int_{-\infty}^{z}\exp\left(-\frac{1}{2}t^2\right)dt \tag{3.5}$$

測定結果の確率密度関数や，累積分布関数は，式 (3.1)，式 (3.3) で表さ

図22 標準正規分布の導出

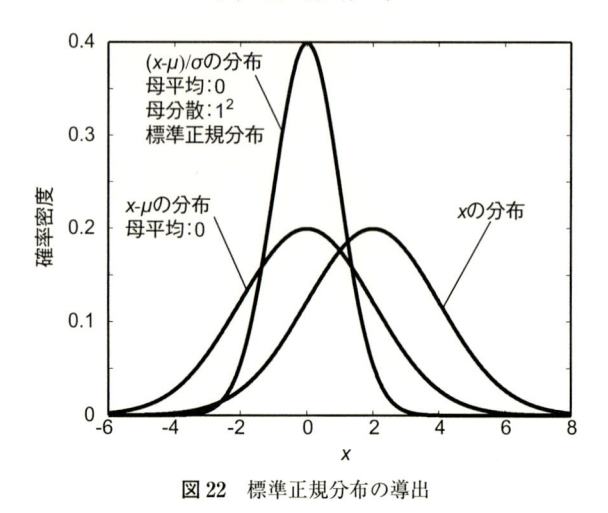

表13 標準正規分布の累積分布関数の値（正規分布表1）

z	-3	-2	-1	0	1	2	3
$F(z)$	0.0013	0.0228	0.1587	0.5000	0.8413	0.9772	0.9987

れるが，通常これらの式を計算することはあまり行わない．確率変数を標準化し，式 (3.4)，式 (3.5) を計算することによって確率などを求める．この標準正規分布の確率密度関数や累積分布関数については非常によく性質が調べられており，それらの結果は数表としてまとめられていたり，数式計算ソフトウェアの関数として用いることができたりするので，手計算を行うことはまずないだろう．特に標準正規分布の累積分布関数の値は重要である．表13に代表的な標準正規分布の累積分布関数の値を示す[13]．

この表13の意味するところは，例えば $z=-2$ のとき，$F(2)=0.0228$ となる，ということなので，累積分布関数から考えると，図23左図の $z=-2$ のときの値が 0.0228 となるということを表し，確率密度関数から考えると，図23右図の斜線で示した範囲の面積が 0.0228 となるということである．つまり，これは母平均 0，母標準偏差 1 である正規分布からデータを1つランダムにサ

---

[13] さらに詳細な表は付録Dの付表1に示す．

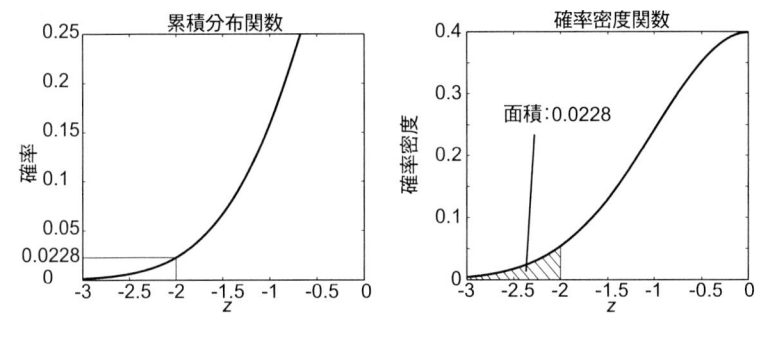

3.1 正規分布と関連する確率分布

図 23 確率密度関数と確率の関係

ンプリングしたとき，サンプリングされた値が -2 以下となる確率は 2.28% である，ということを表している．また，正規分布は左右対称であるため，サンプリングされた値が 2 以上となる確率も同様に 2.28% となる．

また，表 13 は z の値に対して $F(z)$ がいくつになるか，ということを表しているが，これを逆にした $F(z)$ の値に対して z の値がいくつになるか，という正規分布表もよく利用される．その正規分布表について表 14 に示す．

表 14 は，表 13 とは異なり，$F(z)$ ではなく P となっている．正規分布は左右対称の分布であるので，「標準正規分布からサンプリングされた値が z 以上になる確率を P とする」と考えるとこの表 14 が成り立つ．

次は，標準正規分布からランダムサンプリングした値が $-2 \sim -1$ の範囲に含まれる確率を考えよう．これは図 24 に示す $-2 \sim -1$ の間の確率密度関数で囲まれる面積を求めればよいので，

$$\Pr(-2 \leq x \leq -1) = F(-1) - F(-2) = 0.1587 - 0.0228 = 0.1359 \quad (3.6)$$

と計算できる．つまり，図 24 の右下がりの斜線で示す面積から左下がりの斜線で示す面積を引き算して求めることができる．

次に（母平均 $\pm \bigcirc\bigcirc$）として表される範囲内にサンプリングされた値が含まれる確率を求めよう．例えば標準正規分布からサンプリングされた値が（母平均 $\pm a$）の範囲に含まれる確率を求めるとする．このときの確率密度関数を図示すると，図 25 のようになる．

これは左右の斜線で示される面積が等しいので，

$$\Pr(-a \leq x \leq a) = 1 - 2F(a) \quad (3.7)$$

表14 正規分布表2

P	0.001	0.01	0.02	0.025	0.05	0.1	0.2
z	3.090	2.326	2.054	1.960	1.645	1.282	0.842

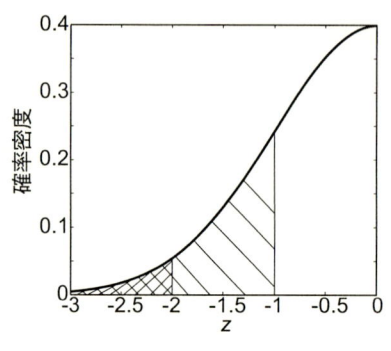

図24 任意の区間内に含まれる確率　　**図25** 母平均±aに含まれる確率

表15 正規分布表3（両側確率）

P	0.001	0.01	0.02	0.025	0.05	0.1	0.2
z	3.291	2.576	2.326	2.241	1.960	1.645	1.282

によって求めることができる．この（母平均±a）内に含まれる確率，もしくは，（母平均±a）内に含まれない確率は正規分布の性質の中でも特に重要なものであり，正規分布を用いた推定，検定にて利用される．この確率についても正規分布表で詳細に与えられており，それを表15に示す[14]．ここでのPは「（母平均±a）内に含まれない確率」である．

　表15と表14を見比べると，表14の$P=0.025$のzの値と表15の$P=0.05$のzの値が等しいことがわかる．つまり，図25の場合は左右に境界があるが，図23の場合は片側にしか境界がない．よって，区間内に母平均が含まれる確率は，片側にしか境界がない場合については，両側に境界がある場合の2倍となる．この，片側にしか境界がない場合の確率を**片側確率**，両側に境界がある場合の確率を**両側確率**という．通常正規分布表は表14もしくは表15のどちらかのみが与えられ，その正規分布表の使用者が，片側確率ないし両側確率のどちらが必要かを考えて，Pの値を読み替えて用いる．

---

[14] さらに詳細な表は付録Dの付表2に示す．

3.1 正規分布と関連する確率分布

通常は両側確率が用いられることが多いが，片側確率で十分な場合も多い．例えば，袋詰めした商品が表示された内容量通りの量が本当に入っているかどうかを調べるときには，（母平均±a）内に含まれる確率は通常用いない．なぜなら，500 mL 入っていると表示されている飲料の本当の体積が 510 mL であっても消費者からクレームがでることはほとんど考えられないからである．

このように，測定結果が正規分布に従うという前提が成立する場合には，ここで紹介した正規分布の性質を用いて知りたい情報を得ることができる．しかし，測定結果が正規分布に従っていない，例えば，測定結果が図 10 で示すような矩形分布に従っている場合であれば本節は利用することができない．ただ，測定値は矩形分布などの正規分布以外の分布に従っていたとしても，測定結果として測定値から算出した標本平均を用いている場合は，この標本平均はほとんどの場合正規分布に従っていると考えてよい．このように標本平均が正

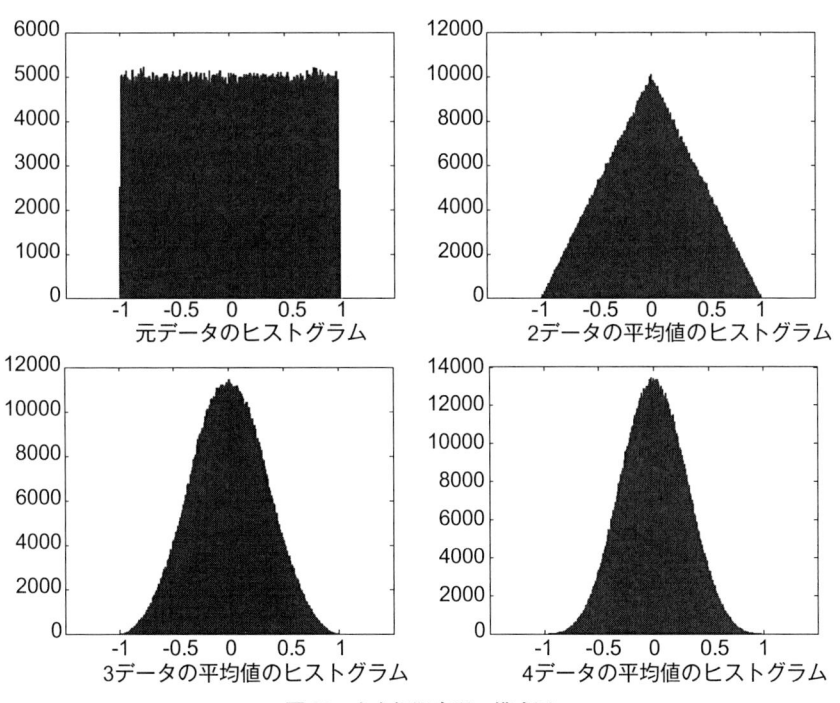

図 26　中心極限定理の模式図

規分布に近似的に従う性質を**中心極限定理**という．中心極限定理を簡単に見てみよう．まず，±1 の幅で矩形分布しているデータを 100 万個発生させヒストグラムを作成する，±1 の幅で矩形分布しているデータ 2 個の平均値を 100 万個発生させヒストグラムを作成する，±1 の幅で矩形分布しているデータ 3 個の平均値を 100 万個発生させヒストグラムを作成する，±1 の幅で矩形分布しているデータ 4 個の平均値を 100 万個発生させヒストグラムを作成するということを行った結果を図 26 に示す．

図 26 に示すヒストグラムを見ると，平均値を求めるためのデータ数が増えるにつれて正規分布に近付いていることがわかるだろう．このようにもとの分布が矩形分布であっても標本平均の分布は正規分布と見なしてもほぼ問題はない．よって，測定値がどのような分布に従っているかはわからないときであっても，その標本平均を測定結果とし，標本平均についての振舞いを知りたい場合であれば，

$$z = \frac{\bar{x} - \mu}{\sigma/\sqrt{n}} \tag{3.8}$$

というように標準化すれば，z は母平均 0，母分散 1^2 の正規分布に従っていると考えても差し支えない．

3.1.2 t-分布

正規分布に関する解説を前項で行ったが，正規分布を一意に決定するためには母平均と母分散が必要であった．また，次節で解説する母平均に対する正規分布を用いた推定，検定を行うときには，母分散が既知でなければならない．ただし，母分散は母数であるので，現実には知ることができない量である．しかし，これまで蓄積してきたデータが十分あり，そのデータから求めた標本分散は母分散の質の良い推定値になっているという前提があるときなどではその標本分散を母分散の推定値として用いればよい．しかし，そのような状況を推定・検定のたびに確保し続けることは不可能であろう．例えば，ある顧客から持ち込まれたサンプルを 3 回繰返し測定して得た 3 つのデータから求めた標本分散は十分質の高い母分散の推定値になっているとはいいがたいであろう．しかし，サンプルの繰返し測定回数はそう大きくできるものではない．このよう

な場合，つまり，測定結果は正規分布に従っているという仮定については問題ないものの，質の高い母分散の推定値を持っているとはいえない場合について本項では解説する．

正規分布では，測定結果を標準化して，標準正規分布の性質を用いて知りたい情報を得る，と前項で解説した．標本平均を測定結果として考えるのであれば，その標準化の式は式（3.8）によって表される．

ただし，ここで問題となるのは右辺の分母，母標準偏差である．数少ない繰返しによって算出された標本標準偏差を $s(x)$ とし，それを母標準偏差 σ の代わりに用いることを考える．つまり，

$$t = \frac{\bar{x} - \mu}{s(x)/\sqrt{n}} \tag{3.9}$$

とする．このとき t は自由度 f の t-分布に従う．このときの自由度は標本分散 $s(x)$ を算出する際の自由度である．例えば，繰返し測定を n 回行い，その結果より標本分散を算出すれば，$f = n - 1$ となる．この t-分布を図27に示す．また，式（3.10）に，t-分布の確率密度関数を示す．

$$f(t) = \frac{1}{\sqrt{\pi f}} \frac{\Gamma\{(f+1)/2\}}{\Gamma(f/2)} \left(1 + \frac{t^2}{f}\right)^{-(f+1)/2} \tag{3.10}$$

ここで，$\Gamma(x)$ はガンマ関数である．ガンマ関数についてはコラム3を参照のこと．ただし，先ほどの正規分布と同様に t-分布についても十分に性質が調べられ，その結果は数表にまとめられているため，式（3.10）を実際に計算する必要はないだろう．

t-分布は，式（3.10）を見てわかるように，t-分布を一意に定めるために必要なパラメータは標本分散の自由度 f のみである．図27を見てわかるように t-分布は標準正規分布の幅を広げたような形の分布である．この幅の広がり方は標本分散の自由度によって異なる．自由度が低いと幅が広くなり，自由度が大きくなるにつれて幅が狭まり，自由度が無限大のとき標準正規分布に一致する．つまり，自由度が小さな場合は求められた標本標準偏差が母標準偏差の良い推定値とはいえないため，正規分布と比べ，ばらつきが大きくなり，幅が広くなるということであり，また自由度が大きくなるにつれて良い母標準偏差の推定ができるようになって正規分布に近付き，自由度が無限大，つまり測定を

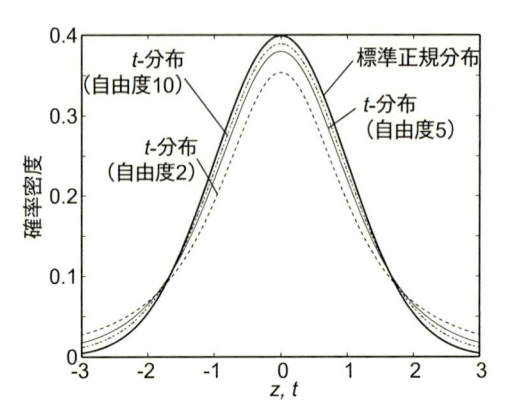

図27　t-分布の確率密度関数

表16　t-分布表（両側確率）

自由度 f	確率 P							
	0.5	0.4	0.3	0.2	0.1	0.05	0.01	0.001
1	1.000	1.376	1.963	3.078	6.314	12.706	63.657	636.619
2	0.816	1.061	1.386	1.886	2.920	4.303	9.925	31.599
3	0.765	0.978	1.250	1.638	2.353	3.182	5.841	12.924
4	0.741	0.941	1.190	1.533	2.132	2.776	4.604	8.610
5	0.727	0.920	1.156	1.476	2.015	2.571	4.032	6.869
6	0.718	0.906	1.134	1.440	1.943	2.447	3.707	5.959
7	0.711	0.896	1.119	1.415	1.895	2.365	3.499	5.408
8	0.706	0.889	1.108	1.397	1.860	2.306	3.355	5.041
9	0.703	0.883	1.100	1.383	1.833	2.262	3.250	4.781
10	0.700	0.879	1.093	1.372	1.812	2.228	3.169	4.587
20	0.687	0.860	1.064	1.325	1.725	2.086	2.845	3.850
50	0.679	0.849	1.047	1.299	1.676	2.009	2.678	3.496
100	0.677	0.845	1.042	1.290	1.660	1.984	2.626	3.390

無限回行ったときには完全に母標準偏差を求めることができるので，正規分布に一致するということである．

　t-分布については，正規分布とほぼ同様に用いることができる．ただし，正規分布とは違い自由度によって t-分布の形は異なるため，t-分布表は自由度によって値が異なっている．自由度 f，両側確率 P から t の値を求めるための t-分布表を表16[15]に示す．

3.1.3 F-分布

F-分布は4章で解説する分散分析を用いた検定に用いる分布である．これは，ある2つの標本分散があるとき，この2つの標本分散の大きさは等しいのかどうか，ということに関する検定を行う際に用いる．

正規母集団 $N(\mu, \sigma^2)$ から，サンプル n_1 個，n_2 個をそれぞれ取り出し，標本分散 $s_1^2(x)$，$s_2^2(x)$ をそれぞれ求めたとすると，その分散比

$$F = \frac{s_1^2(x)}{s_2^2(x)} \tag{3.11}$$

は自由度 (n_1-1, n_2-1) の F-分布に従う．

この F-分布の確率密度関数は，

$$f(F) = \frac{(f_1/f_2)^{f_1/2}}{\mathrm{B}(f_1/2, f_2/2)} \cdot \frac{F^{f_1/2-1}}{(1+(f_1/f_2)F)^{(f_1+f_2)/2}} \tag{3.12}$$

で表される．ここで，f_1, f_2 はそれぞれの標本分散の自由度，$\mathrm{B}(x)$ はベータ関数を表す[16]．

式（3.12）を見てわかるように，F-分布は，2つの標本分散の自由度 f_1, f_2 が与えられることにより一意に決定する．

図28 に，自由度がそれぞれ，$f_1=5$，$f_2=10$ である F-分布の確率密度関数を示す．

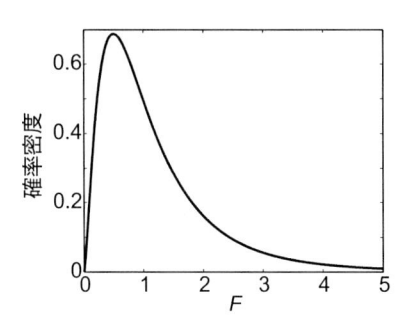

図28 F-分布の確率密度関数

---

[15] さらに詳細な表を付録Dの付表3に示す．
[16] ベータ関数とは，コラムにあるガンマ関数によって表すことができる関数であり，$\mathrm{B}(m,n) = \Gamma(m)\Gamma(n)/\Gamma(m+n)$ が成立する．

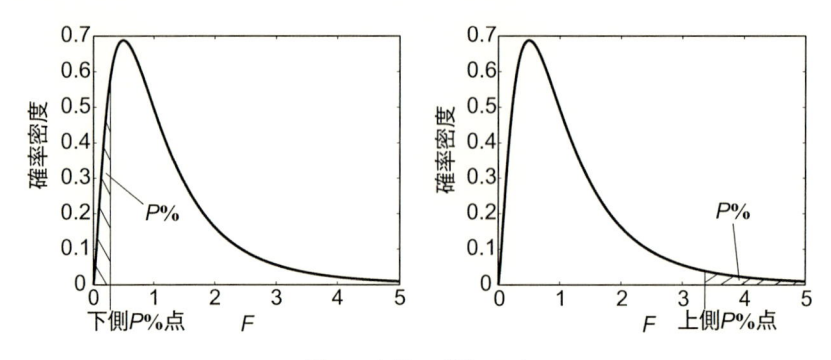

図29 上側・下側 $P\%$ 点

この確率密度関数の利用法だが，2つの標本分散を持っていたとして，その2つの標本分散が同じ正規母集団からのサンプルであれば，その2つの標本分散の分散比は図28に示す F-分布に従うはずである．

正規分布，t-分布では片側 $P\%$ 点がわかっているのであれば，両側 $P\%$ 点に拡張することは簡単であったが，F-分布は左右対称の分布ではないため，下側 $P\%$ 点，上側 $P\%$ 点を別々に考える必要がある．この関係を図29に示す．

このように，F-分布を用いれば標本分散の分散比が上側・下側 $P\%$ 点より大きい・小さい値をとる確率は $P\%$ 以下になるということを調べることができる．つまり，標本分散の分散比が F-分布表に示す値より大きい・小さい場合には2つの標本分散は同じ母集団からのサンプルであるとは考えられない，ということである．また x が F-分布に従っているのであれば，

$$\mathrm{P_r}(x>a)=\mathrm{P_r}\left(x<\frac{1}{a}\right) \tag{3.13}$$

が成立する．つまり，上側 $P\%$ 点がわかっているのであれば，その逆数が下側 $P\%$ 点となる，ということである．これは分散比を算出するときに2つの標本分散のうち，どちらを分子にするか分母にするかは自由に選べるということから考えて自明であろう．また，分散分析において F-分布を用いる場合には，上側 $P\%$ 点しか用いない．詳細は5章を参照してほしい．表17に F-分布の上側5%点の値を表記した F-分布表[17]を示す．

表17に書かれている数字のことを **F 境界値** と呼ぶ．また，例えば $f_1=20$,

3.1 正規分布と関連する確率分布

表17 F-分布表（上側5%点）

f_1 \ f_2	5	10	20	50
5	5.050	3.326	2.711	2.400
10	4.735	2.978	2.348	2.026
20	4.558	2.774	2.124	1.784
50	4.444	2.637	1.966	1.599

$f_2=5$ のときの F の値を，

$$F(20, 5\,;0.05) = 4.558 \tag{3.14}$$

と表記する．ここでの 0.05 は上側5%点のことを表す．

詳しく表17を見てみると，自由度が少なければ F 境界値も大きい．自由度は測定の回数で決まってくる値である．つまり，ほんの数回しか測っていない場合は，たまたま標本分散の値が大きく，または小さく出てしまう場合がある．しかし，F 境界値の値が大きいので，そのような場合でも簡単には差がある，とは判定されない．また，測定回数が多くなれば，F 境界値は小さくなる．つまり，求められた標本分散の精度が上がっているので，2つの標本分散がある程度の差があれば，2つの母分散に差が存在すると考えられる，と判定されるのである．

🦁 コラム4　F-分布の平均，メジアン，モード

F-分布は，ある正規分布から標本を取り出し，標本分散を算出する，ということを2回行い，その算出された標本分散2つの比の値がどのようになるかをプロットしたものである．よって，同じ正規分布から標本を取り出しているのであれば，その比は1になるはずであるが，標本によっては1より大きくなったり，1より小さくなったりする．この比が1より大きくなるか小さくなるかは五分五分となるはずである．そう考えると，F-分布の母平均が1になりそうな気がするが，そうはならない．正確には，

$$E(F) = \frac{f_2}{f_1 - 2} \tag{3.15}$$

[17) さらに詳細な表を付録Dの付表4に，また上側1%点の F-分布表を付表5に示す．

となる．これはF-分布が非対称な分布であることが原因である．また，F-分布のグラフを見てわかるようにグラフの頂点の位置（最頻値・モード）も1からずれていることがわかる．では，どの値が1となるのかというと，それはコラム1で触れたメジアンである．ただし，コラムで簡単に触れたのは標本についての話であるが，母集団の場合では，その値以下になる確率が50％，その値以上になる確率も50％である点がメジアンとなる．つまり，F-分布においては，メジアンが1となり，Fの値が1以上，1以下になる確率が50％となる．それを図示したものを図30示す．この図にある複数の曲線はf_1とf_2がそれぞれ1，3，5，7，9のときの全組合わせについてプロットしたものである．

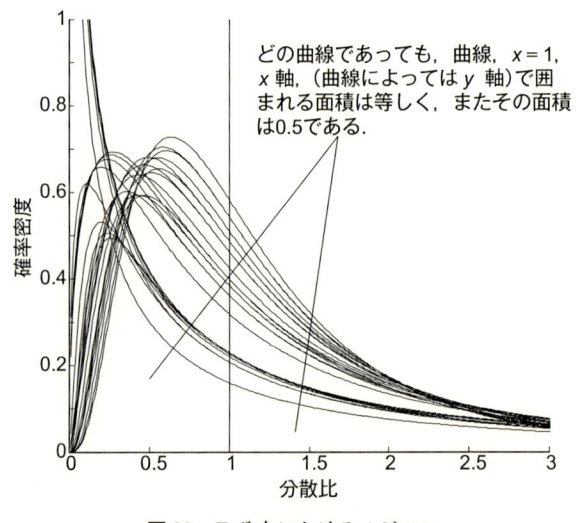

図30 F-分布におけるメジアン

3.2 正規分布を用いた母平均の区間推定について

ある測定の母集団の母平均がどのあたりに存在しているかを知るということは測定を行う一番重要な目的である．もちろん母平均の推定値として一番よく用いられるのは標本平均であるが，その標本平均は母平均と完全には一致しな

3.2 正規分布を用いた母平均の区間推定について

いであろう．また，前章で解説したように標本平均はばらつきを持つ．つまり，標本平均によっては母平均を完全に推定することができない．ただし，統計の知識を用いれば「この範囲に何％位の確率で母平均が存在する．」ということを求めることはできる．これを母平均の区間推定という．

測定結果が $N(\mu, \sigma^2)$ に従っているとする．ここで n 回測定した結果の標本平均を $\bar{x}$ とし，前章で解説したように標準化を行うと，

$$-z < \frac{\bar{x} - \mu}{\sigma/\sqrt{n}} < z \tag{3.16}$$

となり，式 (3.16) で表される範囲に含まれる確率を正規分布表より求めることができる．例えばその確率が95％であれば，z の値は 1.96 となる．また，測定結果が正規分布に従っていない場合であっても，推定・検定の対象となる値が標本平均であれば，前章で解説した中心極限定理によって標本平均の分布は正規分布であると見なせる場合がほとんどであるので，その場合は正規分布を用いた推定・検定を行っても差し支えない．

式 (3.16) を変形する．

$$\begin{aligned} -z &< \frac{\bar{x} - \mu}{\sigma/\sqrt{n}} < z \\ -z\frac{\sigma}{\sqrt{n}} &< \bar{x} - \mu < z\frac{\sigma}{\sqrt{n}} \\ -\bar{x} - z\frac{\sigma}{\sqrt{n}} &< -\mu < -\bar{x} + z\frac{\sigma}{\sqrt{n}} \\ \bar{x} - z\frac{\sigma}{\sqrt{n}} &< \mu < \bar{x} + z\frac{\sigma}{\sqrt{n}} \end{aligned} \tag{3.17}$$

式 (3.17) を見ると，母平均が存在する範囲を示していることがわかる．これが正規分布を用いた母平均の区間推定である．ここで，母平均が式 (3.17) に含まれる確率のことを**信頼水準**といい α で表す．また，ここで表される下限，上限である $\bar{x} - z\sigma/\sqrt{n}$ と，$\bar{x} + z\sigma/\sqrt{n}$ のことを**信頼限界**という．

ここで，母平均の区間推定についてもう少し詳しく見てみよう．母平均の区間推定は式 (3.16) をもとに行っている．式 (3.16) が表している意味は，標準化された標本平均は $\pm z$ の範囲に $100\alpha\%$ の確率で含まれるということである．これは，n 回の測定を何回も行ったとき，それぞれ得られた標本平均のう

ち 100α%のものは $\pm z$ の範囲に含まれており，$100(1-\alpha)$%のものは $\pm z$ の範囲外になってしまう，ということを表している．よってこの式 (3.16) をもとにして求められた式 (3.17) の厳密な意味は，この母平均の区間推定を何回も行ったとき，100α% の確率で，信頼限界の内側に母平均が含まれ，$100(1-\alpha)$%の確率で，信頼限界の内側に母平均は含まれない，ということを表している．

つまり，この母平均の区間推定では，「母平均は 100α%の確率で信頼限界によって示される範囲内に含まれる」ということを直接表していない．「同じような区間推定を多数回行った結果，その中で 100α%のものが信頼限界によって示される範囲内に含まれる」ということを表しているのである[18]．これを図 31 に示す．このことは，通常の統計の推定・検定すべてにおいていえることである．

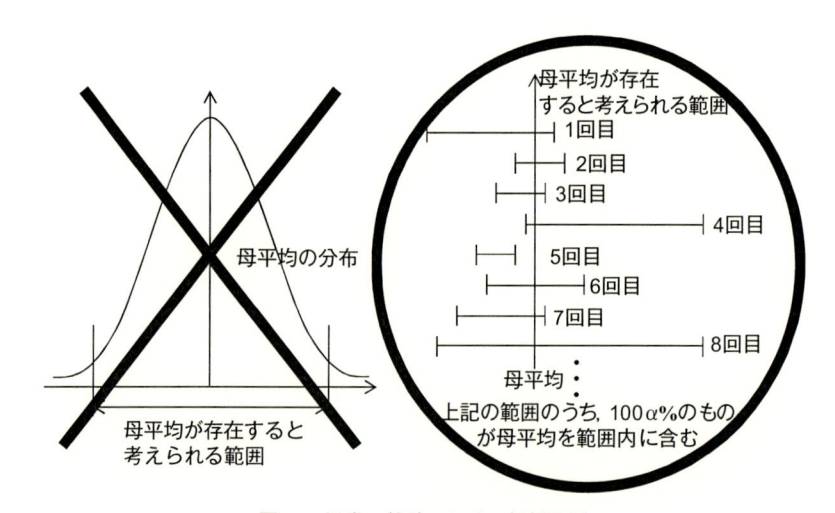

図 31 通常の統計における信頼限界

---

[18] 母平均の存在範囲を直接計算したい場合にはベイズ統計を用いる必要がある．ベイズ統計についてはほかの解説書にゆずる．

3.3 正規分布を用いた母平均の検定

　検定とは「…が成立する」「…が成立するとはいえない」のどちらが正しそうであるかを統計的に判断する手法である．正規分布を用いた母平均の推定では，n 回繰返し測定を行い，その標本平均を算出した結果，その標本平均はもちろん母平均とは完全には一致しない．しかし，その母平均と標本平均の値の差は，測定結果（つまり母集団）にばらつきがあるので，たまたま少しずれただけであり，繰返し測定の母集団の母平均と想定していた母集団の母平均とは等しいと考えても差し支えないのか，それとも，実はその繰返し測定の母集団が持つ母平均は想定していた母集団の母平均とは異なる値であった，ということなのかを判断するということである．

　これは品質管理の点から非常に重要なことである．つまり，ある溶液を作成している工場では，その溶液の濃度を目標値にできるだけ近付けて作成するが，避けられないばらつきは存在する．ここで，ある日に作成した溶液の濃度が本当に目標値と十分近いといえるのかということを判断するときにこの母平均の検定を行う．

　正規分布を用いた母平均の検定は，母平均の推定の拡張である．つまり，検定をする対象である測定結果 $\bar{x}_0$ とその繰返し回数 n，測定の母標準偏差 σ がわかっているのであれば，前節の母平均の推定より，次の範囲内に高い確率でその測定の母平均が含まれているはずである．

$$\bar{x}_0 - z\frac{\sigma}{\sqrt{n}} < \mu < \bar{x}_0 + z\frac{\sigma}{\sqrt{n}} \tag{3.18}$$

この信頼限界の内側に想定されていた母平均 μ_{NOM} の値が入っていれば，その測定の母平均 μ と等しいと考えても差し支えないだろう．また，入っていなければ，想定している母集団と今回測定を行ったときの母集団とは母平均が異なっていると考えられるだろう．

　ここで，検定している対象について考える．母平均の検定では，ある測定の母平均と，想定している母平均が等しいか，等しくないか，ということを統計的に判定した．このときには2つの仮説のうちどちらが正しいのか，というこ

とを判定していることになる．つまり，「2つの母平均は等しい」という仮説と「2つの母平均は等しくない」という仮説である．この2つの仮説は正反対のことを意味しており，統計的検定によって，どちらの方が正しそうなのかを決定する．このうち「2つの母平均は等しい」という仮説のことを**帰無仮説**または**ゼロ仮説**という[19]．これは，2つの母平均の差は存在しない，つまり0ということである．また，「2つの母平均は等しくない」という仮説のことを**対立仮説**という．検定の結果は帰無仮説，もしくは対立仮説のどちらかが正しい，ということで表される．ここで，帰無仮説が正しい，つまり2つの母平均は等しいと判定された場合，帰無仮説が採択された，といい，帰無仮説が正しくない，つまり2つの母平均には差があると判定された場合，帰無仮説が棄却された，という．

しかし，ある仮説が正しい，と判定することは非常に難しい．これは統計だけではなく，この世の中すべての事柄に関してもそうであるが，「ある仮説は正しくない」と証明するには反例を1つ提示すればよいのに対して，「ある仮説は正しい」ということを証明するのは考えられ得るすべての場合においてこの仮説は成り立っている，ということを提示する必要がある．もちろん統計的な検定もこの制約を受けている．つまり帰無仮説が採択されたとしても，「今持っている証拠では，対立仮説が成立しているとはいえない．」ということまでしかいえない．母平均の検定の場合では，対立仮説が採択された場合には「ある確率で2つの母平均に差が存在する」といえるが，帰無仮説が採択されたとしても「ある確率で2つの母平均に差が存在しない」とはいえない．あくまでも，「ある確率で2つの母平均に差が存在するとはいえない」ということである．

先ほど解説した方法では，毎回母平均の区間推定を行わなければいけないが，もう少し簡単な方法を考える．標本平均を標準化した結果である式 (3.8) を見てみると，検定の対象である測定の標本平均 $\bar{x}_0$ とその測定回数 n と母標準偏差 σ が既知の値であり，信頼水準から z の値を求め，母平均を未知として扱っていたが，この母平均の代わりに想定されていた母平均の値を代入する

---

[19] 帰無仮説とゼロ仮説に関しては使い分けをしている専門書もあるが，ここでは区別しない．

3.3 正規分布を用いた母平均の検定

と,逆にzの値が計算できる.つまり,

$$z_{\mathrm{NOM}} = \left| \frac{\bar{x}_0 - \mu_{\mathrm{NOM}}}{\sigma/\sqrt{n}} \right| \qquad (3.19)$$

を計算し(絶対値なのは,正規分布は左右対称な分布だからである.式(3.16)も参照のこと),この値と信頼水準から求めたz_0の値を比較し,z_0の値が大きい($z_0 > z_{\mathrm{NOM}}$)のであれば,今回行った測定の母平均と,想定されていた母平均の値は等しいと考えて差し支えなく,$z_{\mathrm{NOM}} = |(\bar{x}_0 - \mu_{\mathrm{NOM}})/(\sigma/\sqrt{n})|$の方が大きければ($z_0 < z_{\mathrm{NOM}}$),今回行った測定の母平均と,想定されていた母平均の値は異なると考えてよい.ここで算出されたμ_{NOM}を代入して得られたz_{NOM}の値は,$N(\mu_{\mathrm{NOM}}, \sigma^2)$から測定値を$n$個得て,また別途$n$回測定を行い求めた標本平均$\bar{x}$が$|\bar{x} - \mu_{\mathrm{NOM}}| > |\bar{x}_0 - \mu_{\mathrm{NOM}}|$を満たすときの確率から求められる$z$の値と対応している.よって,その確率が想定された確率,つまり信頼水準より求められたz_0の値と比較することによって,検定を行うことができるということである.これを図32に示す.

つまり,図32の斜線部の面積が,別途求めた$\bar{x}$が$|\bar{x} - \mu_{\mathrm{NOM}}| > |\bar{x}_0 - \mu_{\mathrm{NOM}}|$を満たすときの確率となる.この確率が信頼水準より低いのであれば,$N(\mu_{\mathrm{NOM}}, \sigma^2)$から測定値を$n$個得て標本平均$\bar{x}$を算出すると$\bar{x}$が$\mu_{\mathrm{NOM}}$から$\bar{x}_0$より離れた値となる確率は信頼水準より低い,ということを表している.

ここで,比較するzの値は信頼水準より求めるわけであるが,検定の場合は1から信頼水準αを引いた値($1-\alpha$)を用いて述べられることが多い.この($1-\alpha$)が何を表しているのかを考える.信頼水準が例えば95%であった

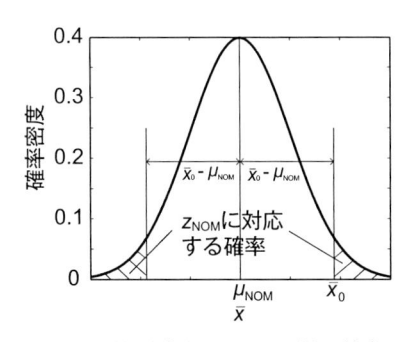

図32 正規分布を用いた母平均の検定

場合に，検定によって対立仮説が採択されたとき（つまり帰無仮説が棄却されたとき），95%はその対立仮説が本当に正しかったということになるが，5%は対立仮説が間違っていたにもかかわらず，対立仮説を採択（つまり，帰無仮説を棄却）していることになる．つまり5%は本当であれば帰無仮説が成立しているが間違って帰無仮説を棄却してしまう，ということが起こる．この5%のこと，つまり（$1-\alpha$）のことを**有意水準**という．通常検定を行う際には，「有意水準5%で検定する」といういい方をする．また，検定において「**有意**」という言葉はよく用いられ，有意水準5%で検定を行った結果，対立仮説が採択される，つまり母平均の検定では，ある測定の母平均と想定している母平均の間に差が認められる，という場合「5%有意である」または単に「有意である」といういい方を用いる．母平均に着目したいい方では，「これらの母平均に**有意差**が認められる」もよく使われる．

この有意水準はいい換えると「本当は帰無仮説が成り立っているが間違って帰無仮説を棄却してしまう」確率といえる．また検定による判断の誤りはもう1つ考えられる．それは「本当は帰無仮説が成り立っていないが間違って帰無仮説を採択してしまう」ということである．この前者を**第1種の誤り**といい，後者を**第2種の誤り**という．第1種の誤りは有意水準そのものであるので，第1種の誤りを小さくしたいのであれば，有意水準を小さくすればよい，つまり，有意水準5%だと第1種の誤りが起こる確率が5%であるが，有意水準を1%にすれば，第1種の誤りが起こる確率は1%になる．この第1種の誤りが起こる確率のことを「**危険率**」という．危険率は有意水準と同じ値であるから，「有意水準5%で検定する」という代わりに「危険率5%で検定する」といういい方もよく用いられる．

第2種の誤りは，「本当は帰無仮説が成り立っていないが間違って帰無仮説を採択してしまう」という誤りのことである．この第2種の誤りは，第1種の誤りが大きくなれば第2種の誤りが小さくなり，第1種の誤りが小さくなれば第2種の誤りが大きくなる，という相反したものとなる．例えば，明日の天気が晴れか雨かを予報してみる．帰無仮説が「明日は晴れである」であり，対立仮説が「明日は雨である」とする（つまり，とりあえず曇りのことは考えない）．これまでの天気図のデータや，各地の気温，湿度，降水量などのデータ

を取り寄せ，明日の天気の予報を決定するとき，「明日が雨であるときには非常に高い確率で雨と予報したい」と考え予報をすれば，明日雨が降ったときに予報を確認すると非常に高い確率で予報も雨となっているだろう．しかし，雨と予報したときに次の日が晴れであったということも多く起こるだろう．つまり，対立仮説が成立しているときにできるだけ間違わず採択しようとすると，帰無仮説を誤って棄却してしまう確率が増えるのである．（極端な話，予報をすべて「雨」としておけば，「本当に対立仮説が成り立っているときに誤って対立仮説を棄却する確率」は0となる．）また反対に，「明日が晴れであるときには非常に高い確率で晴れと予報したい」と考え予報をすれば，明日の天気が晴れだった場合予報を確認すると，非常に高い確率で予報も晴れとなっているだろうが，晴れと予報した次の日の天気が雨となる場合も非常に多くなるだろう．これは，帰無仮説が成立しているときにはできるだけ間違わず採択しようとすると，対立仮説を誤って棄却してしまうことが多くなる，ということである（こちらも当然ながら予報をすべて「晴れ」としておけば，「本当に帰無仮説が成り立っているときに，誤って帰無仮説を棄却してしまう確率」は0となる）．しかし検定を行う際，この第1種の誤り，第2種の誤りは相反するものであったとしても，両方の誤りともできるだけ小さくしたい，と考えるのは当然である．これを達成するための方法は1つである．天気予報で考えると，これまでの天気図や，各地の気温，湿度，降水量などのデータをできるだけ幅広く，できるだけ正確に集めることである．検定でいうと，検定を行うための情報をできるだけ多く，正確に集める，つまり，検定を行うための情報をできるだけ多く，というのは測定回数をできるだけ増やす，ということである．また正確な情報を集める，というのはばらつきの少ないデータを集めるということである．これを数式に置き換えると，測定回数 n をできるだけ大きくするということと，母集団のばらつき σ をできるだけ小さくすることである．このことによってのみ第1種の誤り，第2種の誤りを両方とも小さくすることができる．

　第1種の誤りにおける危険率のような用語として，第2種の誤りでは「**検出力**」という用語が用いられる．これは，1から「本当は帰無仮説が成り立っていないが間違って帰無仮説を採択してしまう」という確率を引いたものであ

る．つまり，「本当は帰無仮説が成り立っていないものに対して帰無仮説を棄却する確率」，いい換えると「本当は対立仮説が成り立っているものに対して対立仮説を採択する確率」である．これは，対立仮説をどのくらい正しく検出することができるか，を表す確率であるので，「検出力」と呼ばれる．

例5：1000 ppm イットリウム標準液の濃度

ある企業で作成している原子吸光分析用イットリウム標準液は，濃度 1.00 mg/mL，許容幅±0.002 mg/mL として販売している．よって不良品ができるだけ市場に出回らないよう社内管理基準として，母平均 1.00 mg/mL，母標準偏差 0.0005 mg/mL を採用し，工程を管理している．工程が社内管理基準と同等であれば，許容値を超えてしまう確率は，4倍の母標準偏差が許容幅と等しいので，濃度が4倍の母標準偏差を超える確率は，正規分布表より，約 0.006% となる．つまりこの工程での不良率が最善で約 0.006% であるということを表しており，十分市販品の品質は保証できている．これを図示したものを図33に示す．

ある日に製造されたイットリウム標準液が社内管理基準を満たしているかどうかを確認するため，10本サンプリングし，それぞれの濃度を測定した．その結果例を表18に示す．

このとき，イットリウム標準液製造ラインは正常に動き，母平均が 1.00 mg/mL であるといえるかどうかを5%の有意水準で検定する．標本平均が 1.001049 mg/mL，母標準偏差が 0.0005 mg/mL であり，5%の有意水準のときの z_0 の値は正規分布表より，$z_0 = 1.96$ であるので，

$$z_{\text{NOM}} = \left| \frac{\bar{x}_0 - \mu_{\text{NOM}}}{\sigma/\sqrt{n}} \right| = \left| \frac{1.001049 - 1.00}{0.0005/\sqrt{10}} \right| = 6.63 > 1.96 \quad (3.20)$$

となり，標本平均 1.001049 mg/mL は母平均 1.00 mg/mL と等しいとはいえず，この日のイットリウム製造ラインは正常に働いているとはいえない．

次にこの日の製造ラインで作成されるイットリウム標準液の母平均を区間推定してみよう．標本平均は 1.001049 mg/mL，母標準偏差は 0.0005 mg/mL，$z = 1.96$ であるので，

$$\bar{x}_0 - z \frac{\sigma}{\sqrt{n}} < \mu < \bar{x}_0 + z \frac{\sigma}{\sqrt{n}}$$

3.3 正規分布を用いた母平均の検定

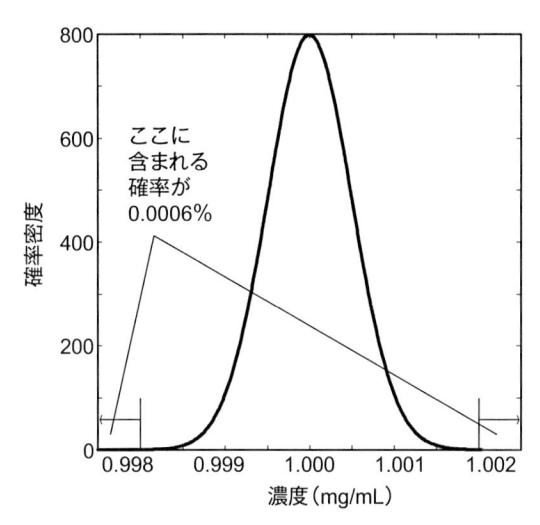

図33 イットリウム標準液濃度の確率分布

表18 イットリウム標準液の濃度測定結果例

番号	濃度（mg/mL）
1	1.00128
2	1.00107
3	1.00152
4	1.00090
5	1.00163
6	0.99992
7	1.00141
8	1.00135
9	1.00108
10	1.00033
標本平均	1.001049

$$1.001049 - 1.96\frac{0.0005}{\sqrt{10}} < \mu < 1.001049 - 1.96\frac{0.0005}{\sqrt{10}} \quad (3.21)$$

$$1.000739 < \mu < 1.001359$$

となる．ではこの範囲で想定した母平均と最も近い濃度の 1.000739 mg/mL が母平均であったときと，範囲の中心（標本平均）である 1.001049 mg/mL が母平均であったときと，最も離れている 1.001359 mg/mL が母平均であったときの，この日に作成された標準液の確率分布を図34，図35，図36 に示

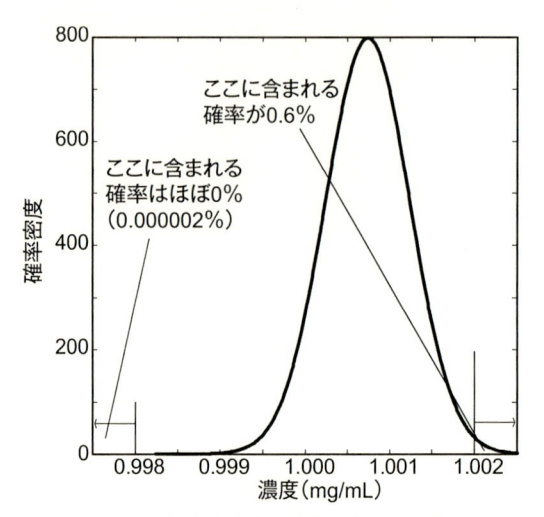

図34　ある日のイットリウム標準液濃度の確率分布（母平均：1.000739 mg/mL）

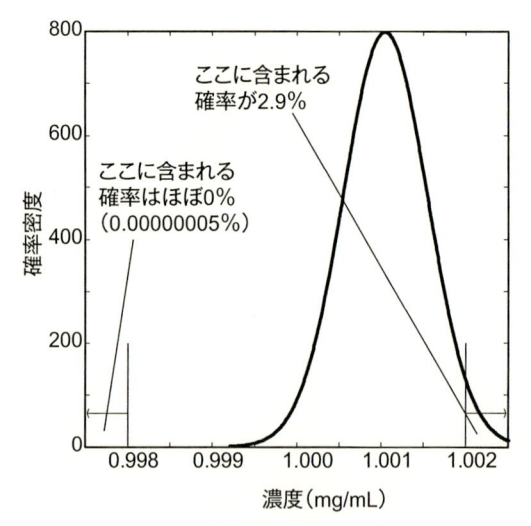

図35　ある日のイットリウム標準液濃度の確率分布（母平均：1.001049 mg/mL）

す．

　表18より，この日に生産されたイットリウム標準液はサンプリングして調査した10個の標準液に関しては1.002 mg/mLを超えるものは存在しなかったが，図34，図35，図36を見ると，実際には最小で0.6%，範囲の中心で

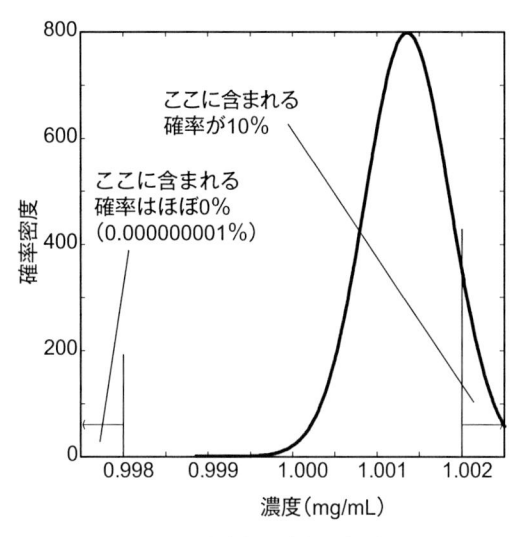

図 36　ある日のイットリウム標準液濃度の確率分布（母平均：1.001359 mg/mL）

2.9％，最悪で 10％もの不良率となっているはずである．これは想定されていた最善の不良率 0.0006％を大きく超えるもので，出荷することはできないと判断されるだろう．

3.4　t-分布を用いた母平均の区間推定について

3.1 節で解説した正規分布を用いた母平均の区間推定は，母標準偏差が既知の場合に用いることができた．しかし，手元に未知試料があり，その未知試料の濃度を知りたいときなどでは，母標準偏差は既知であるとはいえない．ただ，その未知試料を非常に多い回数繰返し測定を行い，その未知試料の標本標準偏差を求めたのであれば，その標本標準偏差は母標準偏差の良い推定値として用いることができ，母標準偏差は既知である，と考えても差し支えはないだろう．しかし実際には，未知試料の量，時間，コスト，人手の問題があり，多くの繰返し測定を行って母標準偏差を推定する，ということは現実的ではない．この少ない繰返し回数で得られた測定結果から算出した標本標準偏差は母標準偏差の良い推定値とはいえないので，母集団が既知のときに用いられる正

規分布を用いた推定を行うことは問題が多い．

このような場合には正規分布の代わりに t-分布を用いた推定を行う．t-分布とは，3.1.2項で解説した確率分布であり，正規分布において標本平均を標準化する際には母平均と母標準偏差を用いるが，t-分布においては，標本平均を標準化する際に母平均と標本標準偏差を用いて行う．よって，母標準偏差が未知であっても標本標準偏差がわかっているのであれば，t-分布を用いた推定は行うことができる．

式（3.9）を再掲する．

$$t = \frac{\bar{x} - \mu}{s(x)/\sqrt{n}} \tag{3.22}$$

標準化された t は t-分布に従うので，t-分布の性質を用いて信頼水準から必要な t の値を得ることができる．ただ，t-分布を用いる場合には正規分布とは違いその測定の自由度も必要となる．自由度 $f = n-1$，信頼水準 α を用いて，表16から t の値を抜き出した結果を，$t_{\alpha,f}$ と表すこととする．ここで，

$$-t_{\alpha,f} < \frac{\bar{x} - \mu}{s(x)/\sqrt{n}} < t_{\alpha,f} \tag{3.23}$$

が成立する確率が信頼水準 α となる．式（3.23）を変形する．

$$\begin{aligned} -t_{\alpha,f} &< \frac{\bar{x} - \mu}{s(x)/\sqrt{n}} < t_{\alpha,f} \\ -t_{\alpha,f}\frac{s(x)}{\sqrt{n}} &< \bar{x} - \mu < t_{\alpha,f}\frac{s(x)}{\sqrt{n}} \\ -\bar{x} - t_{\alpha,f}\frac{s(x)}{\sqrt{n}} &< -\mu < -\bar{x} + t_{\alpha,f}\frac{s(x)}{\sqrt{n}} \\ \bar{x} - t_{\alpha,f}\frac{s(x)}{\sqrt{n}} &< \mu < \bar{x} + t_{\alpha,f}\frac{s(x)}{\sqrt{n}} \end{aligned} \tag{3.24}$$

となり，信頼水準 α で母平均の区間推定を行うことができる．式（3.24）を見てわかるようにこれはほとんど正規分布を用いた母平均の区間推定と同じである．

ここで，標準正規分布での z の値と t-分布の t の値を比べてみよう．表19は両側確率の正規分布表と t-分布表を対比させたものである．

表19を見てわかるように，測定回数が少ない場合の t の値は正規分布の z

3.4 t-分布を用いた母平均の区間推定について

表19 正規分布と t-分布の対比

t-分布		信頼水準 P				
		0.8	0.9	0.95	0.99	0.999
自由度 f	1	3.078	6.314	12.706	63.657	636.619
	2	1.886	2.920	4.303	9.925	31.599
	3	1.638	2.353	3.182	5.841	12.924
	4	1.533	2.132	2.776	4.604	8.610
	5	1.476	2.015	2.571	4.032	6.869
	6	1.440	1.943	2.447	3.707	5.959
	7	1.415	1.895	2.365	3.499	5.408
	8	1.397	1.860	2.306	3.355	5.041
	9	1.383	1.833	2.262	3.250	4.781
	10	1.372	1.812	2.228	3.169	4.587
	20	1.325	1.725	2.086	2.845	3.850
	50	1.299	1.676	2.009	2.678	3.496
	100	1.290	1.660	1.984	2.626	3.390
正規分布		1.282	1.645	1.960	2.576	3.291

の値と比べ非常に大きい．つまり，母平均の区間推定を行った場合，測定回数が少ないと求められた信頼区間の幅が非常に大きくなるということである．よって，測定回数が少ないと非常にあいまいな結果しか得られない．ただし，測定回数が10を超えたあたりでは信頼水準にもよるが正規分布と大きな差がなくなる．これを見てわかるように t-分布を用いた母平均の区間推定は測定回数が少なくても区間推定ができる万能な手法というわけではなく，結局それなりの結果しか得られない，ということである．推定の質は統計的手法によって決まるのではなく，元のデータの質によって決まるということである．

例6：底質中の亜鉛の分析

一定量の底質試料の質量を測り，硝酸・過塩素酸・フッ化水素酸を用いて試料を酸分解する．硝酸・フッ化水素酸を除去し，超純水で定容したものを試料とする．その試料の亜鉛含有量を5回繰返し測定した[20]．その結果，標本平均 382 mg/kg，標本標準偏差 7.23 mg/kg を得た．このとき，底質中の亜鉛の

---

[20] 通常であれば，亜鉛含有量はICP発光分光分析法などを用いて測定を行う．その場合は亜鉛標準液を用いて検量線を作成し測定を行うが，その測定結果のばらつきは5章で解説する回帰分析におけるばらつきの評価法を用いる．本例では簡単化し繰返し測定結果のみに注目し評価を行った．

量を 95% の信頼水準で求めよ．

　この測定では母分散，母標準偏差についての情報は存在しない．標本標準偏差が 7.23 mg/kg であったという情報のみである．またこの標本標準偏差は 5 回の繰返し測定で得られたものであり，母標準偏差を十分に推定できているとはいいがたい．よって t-分布を用いた推定を行う．繰返し回数が 5 回であるので自由度は，$f=5-1=4$ である．信頼水準が 95% であり，自由度が 4 のときの $t_{0.95,4}$ の値は表 19 より，$t_{0.95,4}=2.776$ である．よって，

$$\bar{x}-t_{0.95,4}\frac{s(x)}{\sqrt{n}}<\mu<\bar{x}+t_{0.95,4}\frac{s(x)}{\sqrt{n}}$$
$$382-2.776\frac{7.23}{\sqrt{5}}<\mu<382+2.776\frac{7.23}{\sqrt{5}} \quad (3.25)$$
$$373.0<\mu<391.0$$

となる．この底質の亜鉛含有量は，信頼水準 95% において，373.0 mg/kg から 391.0 mg/kg の間に存在するといえる．

3.5　t-分布を用いた母平均の検定について

　t-分布を用いた母平均の検定であるが，これも正規分布を用いた母平均の検定と同様に行う．まず，$t_{\mathrm{NOM}}=|(\bar{x}_0-\mu_{\mathrm{NOM}})/(s(x)/\sqrt{n})|$ を求め，その t_{NOM} の値が $t_{\alpha,f}$（有意水準：$1-\alpha$）より大きければ母平均の間に有意な差が認められ（つまり帰無仮説が棄却される），小さければ有意な差は認められない（つまり帰無仮説が採択される）．これも，表 19 から考えると，$t_{\alpha,f}$ の値は測定回数が少ない場合，正規分布を用いた検定よりも非常に大きくなる．有意な差が認められるときは，$t_{\alpha,f}$ より t_{NOM} の値が大きいときであるから，$t_{\alpha,f}$ の値が大きいのであれば，非常に有意になりにくい，ということである．つまり，2 つの母平均の間に差が認められる，ということにはあまりならない，ということを意味している．しかしこれは，正規分布の検定のところで解説したように，「差が認められる」とはいえないということは，「差がない」といっているのではなく，「差が認められるとはいえない」ということがわかったに過ぎない．つまり，測定回数を増やしたりすると，本当は差があることがわかるかもしれな

い．あくまでも，今持っている情報では，差があるというまではいえない，ということを表しているに過ぎない．つまり，推定と同じく検定も統計的手法によって質が決まるのではなく，もとのデータの質によって決まるということである．

例7：ある溶液の濃度測定

ある溶液を実験室内で調製し，その溶液を実験室の管理用標準液として用いている．その溶液には塩化物イオンが含まれている．この溶液をサンプリングし，10回濃度測定を行った結果，標本平均 $\bar{x} = 126.2$ ppm，標本標準偏差 $s(x) = 11.32$ ppm を得た．この溶液は，塩化物イオン濃度を115 ppm になるように調製している．この対象ロットは濃度が異常であるかどうかを5%の危険率で検定せよ．

基準化を行い，t_{NOM} の値を求める．

$$t_{\mathrm{NOM}} = \left| \frac{\bar{x}_0 - \mu_{\mathrm{NOM}}}{s(x)/\sqrt{n}} \right| = \left| \frac{126.2 - 115}{11.32/\sqrt{10}} \right| = 3.129 \tag{3.26}$$

危険率5%，自由度 $10 - 1 = 9$ のときの t の値を t-分布表から求めると，

$$t_{0.95, 9} = 2.262 \tag{3.27}$$

よって，

$$t_{\mathrm{NOM}} > t_{0.95, 9} \tag{3.28}$$

が成立するので，標本平均 $\bar{x} = 126.2$ ppm は，目標値 115 ppm との間に有意な差が認められる．よってこの対象ロットは異常である．

3.6 両側検定と片側検定

これまで検定については，ある母平均が想定している基準値と差があるかどうかを問題としてきた．しかし，差があるかどうかということが問題ではなく，ある測定の母平均は想定している基準値よりも大きいかどうか，もしくは小さいかどうか，ということだけが問題となることがある．例えば，水に含まれている有害物質の量などである．これは，その水に含まれている有害物質の量が，規制値などと比べ小さければ合格であり，大きければ不合格となる．この場合は規制値よりも小さいかどうか，ということだけが問題となる．またそ

のほかには,ペットボトル飲料の体積などもそうである.500 mL のペットボトル飲料の場合,490 mL しか入っていない場合はクレームの対象となるが,母平均が 500 mL とはいえない場合であっても,あるペットボトルに含まれる飲料の体積が 510 mL の場合,つまり多めに入っている場合であれば,クレームはまず発生しない.このような場合の検定を片側検定という.また,これまで解説してきた 2 つの母平均は等しいか,等しくないか,という検定を両側検定という.

両側検定のときの帰無仮説は,

$$\mu = \mu_{\text{NOM}} \tag{3.29}$$

であり,対立仮説は,

$$\mu \neq \mu_{\text{NOM}} \tag{3.30}$$

であったが,片側検定の場合,有害物質の例では,濃度が規定より少なければ問題ないので,帰無仮説は,

$$\mu \leq \mu_{\text{NOM}} \tag{3.31}$$

であり,対立仮説は,

$$\mu > \mu_{\text{NOM}} \tag{3.32}$$

となる.また,ペットボトル飲料の例では,量が多ければ問題ないので,帰無仮説は,

$$\mu \geq \mu_{\text{NOM}} \tag{3.33}$$

となり,対立仮説は,

$$\mu < \mu_{\text{NOM}} \tag{3.34}$$

となる[21].

片側検定は両側検定をそのまま利用して考えることができる.つまり,正規分布を用いた両側検定を行う際には,表 15 の両側確率のものを用いていたが,片側検定を行う場合では,表 14 の正規分布表を用いればよい.これらの表を見比べると,表 14 にある確率をそのまま 2 倍すれば,表 15 が得られる.つまり,正規分布は左右対称な分布であるので,有意水準 5% で両側検定を行うと

---

[21] 片側検定の場合の帰無仮説にはいろいろと議論がある.あくまでも帰無仮説は,$\mu = \mu_{\text{NOM}}$ と考える場合もあり,本書のように不等号で表す場合もある.詳細は統計の専門書にゆずる.

いうことと，有意水準2.5%で片側検定を行うということは全く同じことになる．

コラム5　標本標準偏差の推定精度

　測定における確率・統計は，その測定の裏にある測定の母集団の性質を知るために用いられる．標本平均に関しては，その推定精度は標本平均の標準偏差によって知ることができた．ではここで，標本標準偏差の推定精度について考える．標本平均の推定精度を標本平均の標準偏差によって知ったわけであるので，標本標準偏差の推定精度は，標本標準偏差の標準偏差によって知ることができる．つまり，実際にデータを取得して求めた標本標準偏差は母標準偏差と比べ，どのくらいばらつきがあるのかを求めるということである．

　まず，標本標準偏差の期待値を求めることから考える．正規母集団 $N(\mu, \sigma^2)$ からデータを n 個サンプリングし，不偏な標本標準偏差 $s^*(x)$ を求めると，式（2.68）で示したように，

$$s^*(x) = \sqrt{\frac{n-1}{2}} \frac{\Gamma\{(n-1)/2\}}{\Gamma(n/2)} s(x) \tag{3.35}$$

となる．ここで，$s(x)$ は不偏分散の平方根によって求められる通常の標本標準偏差である．式（3.35）を変形する．

$$\begin{aligned} s(x) &= \left[\sqrt{\frac{n-1}{2}} \frac{\Gamma\{(n-1)/2\}}{\Gamma(n/2)}\right]^{-1} s^*(x) \\ &= \sqrt{\frac{2}{n-1}} \frac{\Gamma(n/2)}{\Gamma((n-1)/2)} s^*(x) \end{aligned} \tag{3.36}$$

となる．式（3.36）の期待値を計算すると，

$$E\{s(x)\} = \sqrt{\frac{2}{n-1}} \frac{\Gamma(n/2)}{\Gamma\{(n-1)/2\}} E\{s^*(x)\} \tag{3.37}$$

となるが，$s^*(x)$ は不偏推定量であったので，

$$E\{s^*(x)\} = \sigma \tag{3.38}$$

が成立している．よって式（3.37）は，

$$E\{s(x)\} = \sqrt{\frac{2}{n-1}} \frac{\Gamma(n/2)}{\Gamma\{(n-1)/2\}} \sigma = c\sigma \tag{3.39}$$

ここで,

$$c = \sqrt{\frac{2}{n-1}} \frac{\Gamma(n/2)}{\Gamma\{(n-1)/2\}} \tag{3.40}$$

となる.次に,標本標準偏差(不偏でない通常のもの)の母分散を求めると,

$$\begin{aligned}V\{s(x)\} &= E[(s(x)-E\{s(x)\})^2] \\ &= E\{s^2(x)\} - [E\{s(x)\}]^2 \\ &= \sigma^2 - c^2\sigma^2 = (1-c^2)\sigma^2\end{aligned} \tag{3.41}$$

となる.また,標本標準偏差の母標準偏差は式(3.41)の平方根であるので,

$$\sqrt{V\{s(x)\}} = \sqrt{1-c^2}\,\sigma \tag{3.42}$$

と表すことができる.よって,標本標準偏差の相対母標準偏差は,

$$\frac{\sqrt{V\{s(x)\}}}{E\{s(x)\}} = \frac{\sqrt{1-c^2}}{c} \tag{3.43}$$

と表すことができる.式(3.43)の意味するところを説明すると,測定における母標準偏差はある定数であるが,標本標準偏差は測定を行うたびに変化してしまう値である.その標本標準偏差の母標準偏差とは,いろいろな値をとる標本標準偏差が平均的にどのくらいのばらつきを持っているか,ということの指標である.ただし,標本標準偏差の母標準偏差はもちろん測定対象によって値が異なるので,それを標本標準偏差の期待値で割ることによって相対値として表したものである.いい換えれば,標本標準偏差の変動係数である.

図37に標本標準偏差の母標準偏差を図示したもの,その代表的な値を表20に示す.

図37,表20から標本標準偏差の推定精度はそう高くないということがわかるだろう.つまり,5個の標本から標本標準偏差を求める場合では,算出された標本標準偏差は平均的に36.3%変動するということである.また,標本を10個取得したとしても23.9%平均的に標本標準偏差が変動している

3.6 両側検定と片側検定

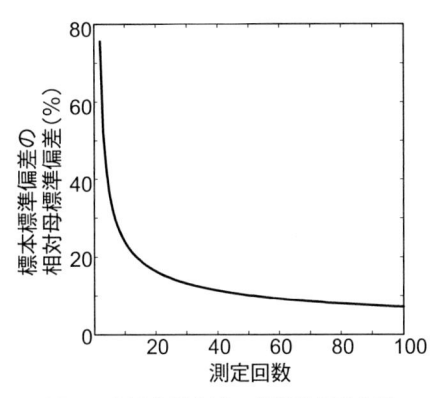

図 37　標本標準偏差の相対母標準偏差

表 20　標本標準偏差の相対母標準偏差の代表的な値

測定回数	標本標準偏差の相対母標準偏差
2	75.6%
3	52.3%
4	42.2%
5	36.3%
6	32.3%
7	29.4%
8	27.2%
9	25.4%
10	23.9%
20	16.3%
30	13.2%
50	10.1%
100	7.1%

ということである．実際の測定においては 10 回の繰返しというのはそこそこ繰返し回数が多い方であろう．しかし，その場合でも 1/4 くらいは値が変動してもおかしくないわけである．つまり，算出された標本標準偏差の有効数字 2 桁目はほとんど信用ができない値となっている．そして，この標本標準偏差の標準偏差を減少させるためには取得する標本数を増やすしか方法がないわけだが，標本数が 10 を超えたあたりから標本標準偏差の標準偏差はなかなか減少しなくなる．つまり，50 回繰返し測定を行っても 10.1%，100 回繰返し測定を行っても 7.1% にしかならない．よって，ばらつきの評価はその程度のものであるということを十分に理解し，行う必要がある．

また，本書では結果を表記する際には，単に標本標準偏差を計算した場合には有効数字4桁，最終的な測定結果に対する標本標準偏差を計算した場合には，有効数字2桁で表記する．これは，単に算出された標準偏差は，その標準偏差を用いてほかの値を計算するかもしれないので，余裕を持って4桁，最終的な測定結果に対しては，標本標準偏差の推定精度はそう高くないことから有効数字2桁で十分である，という理由である．

演習問題

問題1
　ある測定結果の母平均を区間推定する場合，測定回数が多くなればなるほど推定された区間は狭くなる．その場合，1000回，10000回と繰返し測定回数を増やしていくと推定された区間はどんどん狭くなり，通常考えられないくらいの狭い範囲で母平均を決定することができてしまう．しかし，測定回数を増やすだけで，非常に高い精度の測定結果を得られるのは違和感がある．これは何か考え方がおかしいのか，それとも単に実感とは異なるが正しいことをいっているのだろうか．おかしい，正しい，の選択とその根拠を述べよ．

問題2
　以下に示す測定結果の性質のうち，測定の母集団が正規分布をしている，つまり，測定値はある正規分布からのランダムサンプリングである，という仮定を置かなければ導き出せないものはどれか．ここで測定値とは1回測定したときに得たデータのことであり，標本平均，標本分散は十分な繰返し回数によって得られた複数の測定値から求められたものであるとする．
1) 母平均 μ の推定値である標本平均 $\bar{x}$
2) 母分散 $\sigma^2(x)$ の推定値である標本分散 $s^2(x)$
3) 標本平均の母分散 $\sigma^2(\bar{x})$ の推定値である標本平均の標本分散
$$s^2(\bar{x}) = \frac{s^2(x)}{n}$$
4) 測定値が約95%の確率で含まれるであろう範囲
$$\hat{\mu} - 2\hat{\sigma}(x) < x < \hat{\mu} + 2\hat{\sigma}(x)$$

5) 信頼確率 95% によって区間推定された母平均の存在範囲

$$\bar{x} - 2\frac{\widehat{\sigma}(x)}{\sqrt{n}} < \mu < \bar{x} + 2\frac{\widehat{\sigma}(x)}{\sqrt{n}}$$

4. 分散分析

　例えば，分析操作においては，試料調製，機器による測定などいくつかのステップから成り立つ場合が多い．また，同じ試料の異なるボトルを分析したり，異なる日に分析する場合に，その違いがあるかどうかを知りたい場合もある．全体の測定結果のばらつきの評価からはステップごとや要因の違いによるばらつきがどの程度かはわかりにくい．この章で述べる分散分析では，それらのばらつきを分離することが可能である．従って，どのステップのばらつきがどの程度かを知り，ばらつきを改善するためにはどこを改善するのがよいのかを理解するのにも大変便利な手法である．また，異なる条件による結果の違いが有意に大きいかを調べる目的や，小分け試料の均質性（バイアル間差），試験所間比較における試験所間のばらつきの評価などにもよく用いられる方法である．

4.1 分散分析の基礎

　測定データには通常ばらつきが含まれるが，そのばらつきを与える原因（これを「**因子**」という）が1つではなく，複数の因子が存在することがある．分散分析とは，データを取得する計画を立て，そのデータに統計処理を施すことによって，それぞれの因子から引き起こされるばらつきを分離する手法である．

　複数のばらつきが測定データに含まれる例としては，大量に作成した溶液から瓶に小分けしたとき，その溶液は完全に均一になっているというわけではないので，それを瓶詰したときに瓶間の濃度のばらつきが存在する．また，ある瓶を取り出して繰返し測定を行ったとすると，そこでもばらつきが現れる．つまり，瓶間の濃度のばらつきを知るためにいくつかの瓶を取り出してそれぞれを繰返し測定した場合，その測定結果には，瓶が異なることによるばらつき

4.1 分散分析の基礎

表21 標準物質の濃度測定その1

	1回	2回	3回	4回	5回	平均
瓶A	99.9	100.2	100.1	100.2	100.0	100.08
瓶B	100.2	100.5	100.3	100.4	100.5	100.38

表22 標準物質の濃度測定その2

	1回	2回	3回	4回	5回	平均
瓶A	101.9	99.0	103.6	98.2	97.7	100.08
瓶B	100.3	98.5	102.1	97.9	103.1	100.38

と，繰返しによるばらつきの2つのばらつきが含まれた測定結果が得られる．また，ある測定結果の日間変動と日内変動がデータに含まれる場合なども同様に測定結果に複数のばらつきが含まれる．このようなデータから，それぞれのばらつきの大きさを推定する方法が分散分析である．

まず，分散分析の概念を紹介するための例として，表21に標準物質の濃度の測定データを示す．これは，2つの標準物質を5回ずつ繰返し測定した結果である．

この測定における因子は瓶である．また，瓶A，瓶Bなどという因子の中で設定された条件を**級**，もしくは**水準**という．表21では級間の平均が0.3異なっているので，瓶Aと瓶Bの濃度が異なっている，つまり級間の差が存在する，と考えられそうである．次にまた異なる標準物質の濃度を測定した結果を表22に示す．

表22，表21で示した瓶A，瓶B両者の濃度の平均は同じである．よって表22の測定結果においても級間の差があるように見える．しかし，個別のデータを見てみると，表21では各瓶の繰返しデータの最大値と最小値の差が0.3ほどであるが，表22では，6近くとなる．表21，表22のデータを図示したものを図38，図39に示す．

図38，図39を見ると，各級の平均の差は等しいが，しかしその差である0.3という値は図38では瓶間の濃度が異なることが原因だと考えられるが，図39では瓶Aの濃度と瓶Bの濃度が異なることが原因となっているわけではなく，繰返しの要因によって偶然に引き起こされたものだと考えられる．よって図39では，瓶Aと瓶Bの間に濃度の差があるとはいえないだろう．つま

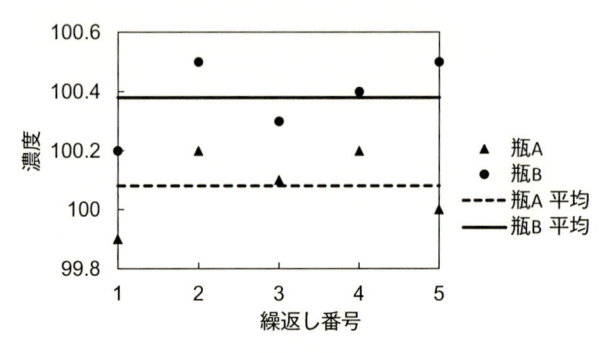

図38　標準物質の濃度の図示その1

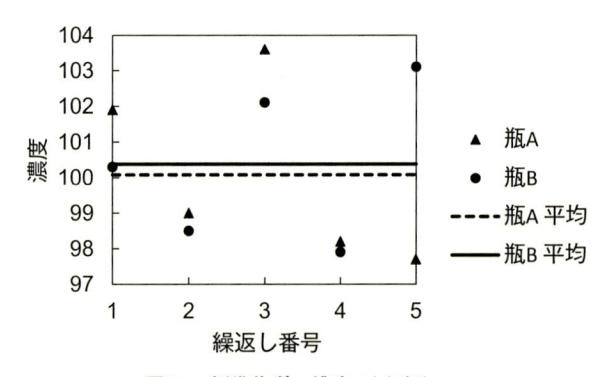

図39　標準物質の濃度の図示その2

り，ある要因によって測定結果に差があるかどうかを知りたければ級間の平均の違いだけを比べていたのではわからない．この級間の平均の違いと，繰返しのばらつきの大きさ（つまり，ある瓶の濃度を繰返し測定したときのばらつき，これは，級を固定し，繰返し測定を行った結果のばらつきであるので，級内のばらつきの大きさといえる）を比べて総合的に判断しなければならないのである．このときばらつきの指標として用いられるのが分散である．つまり，瓶間の濃度の違いの分散（級間分散）と繰返しの分散（級内分散）を比較するという手法を用いる．

4.2 分散分析の構造

　本節では分散分析法の原理とそのデータ構造について一番単純な分散分析を例にとり解説する．一番単純な分散分析とは，測定結果にばらつきを与える原因として測定の繰返しによるばらつきのほかに因子が1つだけ含まれる場合である．このようなデータに対する分散分析を一元配置の分散分析という．もし，測定結果にばらつきを与える因子がさらに2つ，3つと増えたときに適用する分散分析のことを，二元配置，三元配置もしくは多元配置の分散分析という．本書では多元配置の分散分析については解説せず他書にゆずるが，多元配置の分散分析も基本的には一元配置の分散分析の拡張である．

　測定結果を x_{ij} とする．ここで，$i(i=1,...,m)$ は装置や人などを表す因子の水準を示す番号であり，$j(j=1,...,n)$ は繰返しを示す番号とする．

　このとき測定結果 x_{ij} は式（4.1）のような構造を持つと考えられる．

$$x_{ij}=\mu+\alpha_i+\varepsilon_{ij} \qquad (4.1)$$

ここで，μ は母平均，α_i は因子の水準によって決定する値，ε_{ij} は繰返しによって決定する値である．つまり，先ほどの標準物質の瓶詰の例だと，大量に作成した標準物質は，ある正しい濃度 μ というものが存在するが，その標準物質の濃度は完全に均一ではないので，瓶詰した際に濃度が濃いもの，薄いものができてしまう．その濃い，薄い，というものを表しているのが α_i である．つまり，母平均より濃い濃度の標準物質が入っている瓶の場合には α_i の値が正となり，母平均より薄い濃度の標準物質が入っている瓶の場合には α_i が負になるということである．さらに，各瓶において繰返し測定を行ったとすると，その繰返し測定を行うごとに，何らかの繰返しによる誤差によって，測定結果が多少大きくなったり小さくなったりする．それを表しているのが ε_{ij} である．

　測定結果 x_{ij} が式（4.1）のような線形の式によって表されるということは分散分析を行うことができる前提の最重要部である．この式（4.1）のことを測定の誤差構造モデル式という．これを図示したものを図40に示す．

　また，測定結果を誤差構造モデル式で表すことができるとともに ε_{ij} が①不

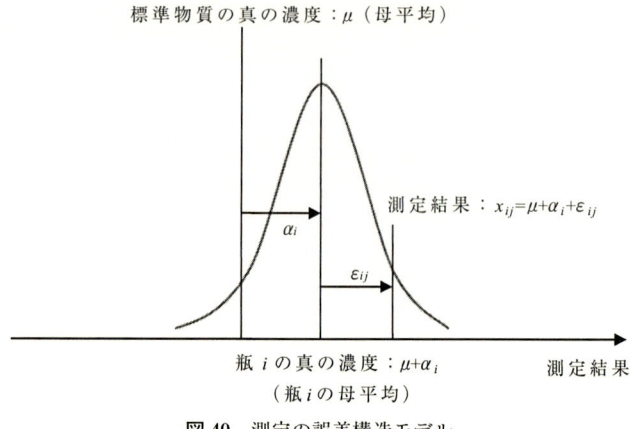

図40 測定の誤差構造モデル

偏性，②等分散性，③独立性，④正規性の前提を満たすことが分散分析を適用する条件となる．

不偏性とは ε_{ij} の期待値が0である，ということを表す．つまり，各水準に繰返しのばらつきは存在するが，その繰返しのばらつきを無限個集め平均をとると0になるということである．

等分散性とは，例でいうと各瓶における繰返し測定のばらつきを表す母分散がすべて等しい σ_e^2 になると考えられる，ということである．ある瓶では繰返しのばらつきが非常に大きく，ある瓶では非常に小さい，というときには分散分析は使えない．

独立性とは，繰返しのばらつきと瓶間のばらつきは独立であり，さらに各繰返しについても独立であるということを表している．

正規性とは，ε_{ij} が正規分布 $N(0, \sigma_e^2)$ に従っているということである．ここで母平均が0となっているのは誤差の不偏性により，また母分散が各水準によって異ならずに σ_e^2 だけで表されているのは，誤差の等分散性による．この条件は，級間の分散，級内の分散を求めたい，というだけであれば必要ないが，先ほどの標準物質の例のように，瓶間での濃度の違いが繰返しのばらつきと比べ有意であるかどうかを検定したいときには必要となる．

これらの分散分析を行うための前提を図示したものを図41に示す．

このような前提条件が整えば，分散分析は行えるが，誤差構造モデルの右辺

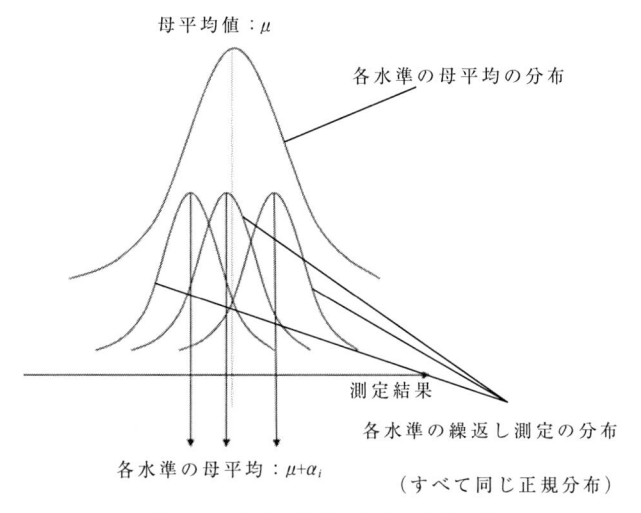

図41 分散分析を行うための前提条件

（図中のラベル：母平均値：μ、各水準の母平均の分布、各水準の母平均：$\mu+\alpha_i$、測定結果、各水準の繰返し測定の分布（すべて同じ正規分布））

がすべてギリシャ文字で書かれていることからわかるように，これらは母数であるので知ることはできない．よって，測定データ（標本）を用いて計算することによって，それぞれの母数の推定値を求めることが分散分析の目的である．

4.3 全変動，級間変動，級内変動

分散分析を行う際の一番重要である変動（2乗和）の分解についてここで説明する．まず測定結果を x_{ij} とし，因子Aの水準の番号を $i(i=1,...,m)$ とし，各水準での繰返しの番号を $j(j=1,...,n)$ とする．この測定結果を表23に示す．

通常標本分散を求めるときには変動を自由度で割ることによって求めるが，一元配置の分散分析における変動は，

$$S_\mathrm{T} = \sum_{i=1}^{m} \sum_{j=1}^{n} (x_{ij} - \overline{x})^2 \tag{4.2}$$

によって求めることができる．ここで，$\overline{x}$ は i, j 両方についての標本平均，

$$\overline{x} = \frac{\sum_{i=1}^{m} \sum_{j=1}^{n} x_{ij}}{mn} \tag{4.3}$$

表23　一元配置の分散分析を行うためのデータ

因子＼繰返し	1	…	j	…	n
1	x_{11}	…	x_{1j}	…	x_{1n}
⋮	⋮	⋱	⋮	⋱	⋮
i	x_{i1}	…	x_{ij}	…	x_{in}
⋮	⋮	⋱	⋮	⋱	⋮
m	x_{m1}	…	x_{mj}	…	x_{mn}

を表す．これを**全平均**という．つまり，各測定値から全平均を引き，その2乗和を求めるということである．これは，因子を無視して繰返し測定を mn 回行ったと考え，その変動を求めた，ということと同じである．ここで求めた変動のことを**全変動**といい，S_T によって表す．

次に，因子 A の各水準の標本平均を考える．これは，

$$\bar{x}_i = \frac{\sum_{j=1}^{n} x_{ij}}{n} \tag{4.4}$$

となる．つまり，水準ごとに標本平均を求めた，ということである．

式 (4.4) を用いて式 (4.2) を変形する．

$$\begin{aligned}S_T &= \sum_{i=1}^{m}\sum_{j=1}^{n}(x_{ij}-\bar{x})^2 = \sum_{i=1}^{m}\sum_{j=1}^{n}\{(x_{ij}-\bar{x}_i)+(\bar{x}_i-\bar{x})\}^2 \\ &= \sum_{i=1}^{m}\sum_{j=1}^{n}(x_{ij}-\bar{x}_i)^2 + \sum_{i=1}^{m}\sum_{j=1}^{n}(\bar{x}_i-\bar{x})^2 + 2\sum_{i=1}^{m}\sum_{j=1}^{n}(x_{ij}-\bar{x}_i)(\bar{x}_i-\bar{x})\end{aligned} \tag{4.5}$$

となる．ここで，右辺第3項を取り出して計算する．

$$\begin{aligned}\sum_{i=1}^{m}\sum_{j=1}^{n}(x_{ij}-\bar{x}_i)(\bar{x}_i-\bar{x}) &= \sum_{i=1}^{m}\sum_{j=1}^{n}(\bar{x}_i x_{ij} - \bar{x}_i^2 - \bar{x}x_{ij} + \bar{x}\bar{x}_i) \\ &= \sum_{i=1}^{m}\bar{x}_i\sum_{j=1}^{n}x_{ij} - \sum_{i=1}^{m}\bar{x}_i^2\sum_{j=1}^{n}1 - \bar{x}\sum_{i=1}^{m}\sum_{j=1}^{n}x_{ij} + \bar{x}\sum_{i=1}^{m}\bar{x}_i\sum_{j=1}^{n}1 \\ &= \sum_{i=1}^{m}\bar{x}_i(n\bar{x}_i) - n\sum_{i=1}^{m}\bar{x}_i^2 - \bar{x}(mn\bar{x}) + \bar{x}(m\bar{x})n \\ &= n\sum_{i=1}^{m}\bar{x}_i^2 - n\sum_{i=1}^{m}\bar{x}_i^2 - mn\bar{x}^2 + mn\bar{x}^2 = 0\end{aligned} \tag{4.6}$$

となる．よって，

$$S_T = \sum_{i=1}^{m}\sum_{j=1}^{n}(x_{ij}-\bar{x})^2 = \sum_{i=1}^{m}\sum_{j=1}^{n}(\bar{x}_i-\bar{x})^2 + \sum_{i=1}^{m}\sum_{j=1}^{n}(x_{ij}-\bar{x}_i)^2 \tag{4.7}$$

が成立する．ここで，右辺第1項，第2項を見てみる．

式 (4.7) の右辺第1項は，

$$\sum_{i=1}^{m} \sum_{j=1}^{n} (\bar{x}_i - \bar{x})^2 = n \sum_{i=1}^{m} (\bar{x}_i - \bar{x})^2 \tag{4.8}$$

となる．右辺のシグマの部分は，各水準の平均から全平均を引き算して算出した2乗和である．つまり因子Aによる変動を表している．よって全体では因子Aによる変動がn倍されている，ということになる．式 (4.8) で表される変動を**級間変動**といい，ここでは因子名をAとしているので，S_Aと表す．つまり，

$$S_A = \sum_{i=1}^{m} \sum_{j=1}^{n} (\bar{x}_i - \bar{x})^2 \tag{4.9}$$

となる．

式 (4.7) の右辺第2項は，各測定値から各水準の平均を引き算して算出した2乗和である．つまり，ある因子内での繰返しの変動を表している．これを**級内変動**といい，級内変動はS_eで表す．つまり，

$$S_e = \sum_{i=1}^{m} \sum_{j=1}^{n} (x_{ij} - \bar{x}_i)^2 \tag{4.10}$$

となる．また，式 (4.7) をS_A，S_eを用いて書き直すと，

$$S_T = S_A + S_e \tag{4.11}$$

となる．つまり，全変動は級間変動と級内変動に分解することができる，ということである．この変動の分解は分散分析の要点である．この変動の分解ができるからこそ，複数のばらつきを含むデータからそれぞれのばらつきを分離することができるのである．

4.4 全変動，級間変動，級内変動の自由度

各変動は，式 (4.2)，式 (4.9)，式 (4.10) によって求めることができるが，標本分散を算出するためには，各変動の自由度が必要である．ここでは各変動の自由度について考える．

まずは，自由度についておさらいする．標本分散が母分散の不偏推定量であるためには，2乗和を自由度で割る必要があった．通常の標本分散では，自由

度は(データ数−1)であった．なぜデータ数から1を引かなくてはならないのかというと，本当に意味のある残差は，各残差を算出するときに標本平均を用いているため，その標本平均を用いるということでデータ1つ分の情報が費やされ，データ数から1引かなければならない，ということであった．これは分散分析についても同様である．

全変動における自由度 f_T について考える．式 (4.2) で表される変動の自由度は，2乗和を算出する際に全平均を1つ用いているので，全データ数から1を引いた，

$$f_T = mn - 1 \tag{4.12}$$

となる．

次に級間変動と級内変動の自由度について考える．級間変動の場合，データ数は各水準の平均の個数 m であり，変動を算出するために全平均を1つだけ用いている．よって，級間変動の自由度 f_A は，

$$f_A = m - 1 \tag{4.13}$$

となる．また，級内変動の場合，データ数は mn 個であり，変動を算出するために各水準の平均をすべて用いているため，用いた平均の個数は m 個である．よって，級内変動の自由度 f_e は，

$$f_e = mn - m = m(n-1) \tag{4.14}$$

となる．

ここで，級間変動の自由度と級内変動の自由度の和は，

$$f_A + f_e = (m-1) + m(n-1) = mn - 1 = f_T \tag{4.15}$$

となる．これは，全変動の自由度と等しい．つまり，式 (4.7) では全変動は級間変動と級内変動に分解することができることを解説したが，全変動の自由度も級間変動の自由度と級内変動の自由度に分解することができるということである．

全変動，級間変動，級内変動とそれぞれの自由度が求められたので，それを一覧表にまとめたものを分散分析表と呼び表24に示す．

分散は変動を自由度で割ったものであるから，表24の分散の欄にあるように求めることができる．因子Aの欄の分散を**級間分散**，因子eの欄の分散を**級内分散**という[22]．コンピュータのソフトウェアなどで分散分析を行うこと

表 24　分散分析表

因子	変動（2乗和）S	自由度 f	分散 V
A	$S_A = \sum_{i=1}^{m} \sum_{j=1}^{n} (\bar{x}_i - \bar{x})^2$	$f_A = m-1$	$V_A = \dfrac{S_A}{f_A}$
e	$S_e = \sum_{i=1}^{m} \sum_{j=1}^{n} (x_{ij} - \bar{x}_i)^2$	$f_e = m(n-1)$	$V_e = \dfrac{S_e}{f_e}$
T	$S_T = \sum_{i=1}^{m} \sum_{j=1}^{n} (x_{ij} - \bar{x})^2$	$f_T = mn-1$	

ができるものは多数存在するが，その分散分析の計算結果は表 24 で表された分散分析表で示されることが多い．

4.5　級間分散，級内分散の期待値

分散分析は全変動とその自由度を級内変動，級間変動とそれぞれの自由度に分解し，それぞれの要因から引き起こされたばらつきとして分離する手法である．ただ，この分散分析によって求められた分散は，測定データから求められたものであるので，標本分散である．よってこれらの標本分散によって，どのような母数が推定されているのかということを知る必要がある．標本分散によって何が推定されているのか，ということはこれまで見てきたように，標本分散の期待値を求めることによって知ることができる．

標本分散の期待値を求める前に，測定の誤差構造モデル式を再掲する．

$$x_{ij} = \mu + \alpha_i + \varepsilon_{ij} \tag{4.16}$$

さらに計算のために，各水準の標本平均と，全平均の構造も考える．

$$\begin{aligned}\bar{x}_i &= \frac{\sum_{j=1}^{n} x_{ij}}{n} = \frac{1}{n}\sum_{j=1}^{n}(\mu + \alpha_i + \varepsilon_{ij}) = \mu + \alpha_i + \frac{\sum_{j=1}^{n} \varepsilon_{ij}}{n} \\ &= \mu + \alpha_i + \bar{\varepsilon}_i\end{aligned} \tag{4.17}$$

[22)] 前章までは標本分散を $s^2(x)$ によって表していたが，一般に分散分析においては $s^2(x)$ よりも V が用いられることが多い．よって本書でも分散分析の章では標本分散を表す文字として V を用いる．母分散を表す $V(x)$ と混同しないよう注意してほしい．

$$\bar{x} = \frac{\sum_{i=1}^{m}\sum_{j=1}^{n} x_{ij}}{mn} = \frac{1}{mn}\sum_{i=1}^{m}\sum_{j=1}^{n}(\mu+\alpha_i+\varepsilon_{ij}) = \mu + \frac{\sum_{i=1}^{m}\alpha_i}{m} + \frac{\sum_{i=1}^{m}\sum_{j=1}^{n}\varepsilon_{ij}}{mn} \quad (4.18)$$
$$= \mu + \bar{\alpha} + \bar{\varepsilon}$$

となる．ここで，$\bar{\varepsilon}_i$ は，ε_{ij} の n 個の標本平均，$\bar{\alpha}$ は α_i の m 個の標本平均，$\bar{\varepsilon}$ は ε_{ij} の mn 個の標本平均を表している．

以上を踏まえ，各変動の期待値について考える．級間変動の期待値は，

$$E(S_A) = E\left\{\sum_{i=1}^{m}\sum_{j=1}^{n}(\bar{x}_i - \bar{x})^2\right\} \quad (4.19)$$

を計算することによって求める．ここで，式 (4.17)，式 (4.18) を式 (4.19) に代入する．

$$\begin{aligned}
E\left\{\sum_{i=1}^{m}\sum_{j=1}^{n}(\bar{x}_i - \bar{x})^2\right\} &= E\left[\sum_{i=1}^{m}\sum_{j=1}^{n}\{(\mu+\alpha_i+\bar{\varepsilon}_i)-(\mu+\bar{\alpha}+\bar{\varepsilon})\}^2\right] \\
&= E\left[\sum_{i=1}^{m}\sum_{j=1}^{n}\{(\alpha_i-\bar{\alpha})+(\bar{\varepsilon}_i-\bar{\varepsilon})\}^2\right] \\
&= E\left\{\sum_{i=1}^{m}\sum_{j=1}^{n}(\alpha_i-\bar{\alpha})^2\right\} + E\left\{\sum_{i=1}^{m}\sum_{j=1}^{n}(\bar{\varepsilon}_i-\bar{\varepsilon})^2\right\} + 2E\left\{\sum_{i=1}^{m}\sum_{j=1}^{n}(\alpha_i-\bar{\alpha})(\bar{\varepsilon}_i-\bar{\varepsilon})\right\} \\
&= nE\left\{\sum_{i=1}^{m}(\alpha_i-\bar{\alpha})^2\right\} + nE\left\{\sum_{i=1}^{m}(\bar{\varepsilon}_i-\bar{\varepsilon})^2\right\} + 2nE\left\{\sum_{i=1}^{m}(\alpha_i-\bar{\alpha})(\bar{\varepsilon}_i-\bar{\varepsilon})\right\}
\end{aligned} \quad (4.20)$$

ここで，式 (4.20) の右辺 3 つの項それぞれを考える．それぞれの項に式番号を新たに付与する．つまり，

$$nE\left\{\sum_{i=1}^{m}(\alpha_i-\bar{\alpha})^2\right\} \quad (4.21)$$

$$nE\left\{\sum_{i=1}^{m}(\bar{\varepsilon}_i-\bar{\varepsilon})^2\right\} \quad (4.22)$$

$$2nE\left\{\sum_{i=1}^{m}(\alpha_i-\bar{\alpha})(\bar{\varepsilon}_i-\bar{\varepsilon})\right\} \quad (4.23)$$

とする．式 (4.21) について考えるために，α_i を m 個取得したときの標本分散の期待値を求めると，

$$E\left\{\frac{\sum_{i=1}^{m}(\alpha_i-\bar{\alpha})^2}{m-1}\right\} = \sigma_A^2 \quad (4.24)$$

が成立する（σ_A^2 は因子 A によって引き起こされるばらつきの母分散）ので，式 (4.24) は，

4.5 級間分散,級内分散の期待値

$$E\left\{\sum_{i=1}^{m}(\alpha_i-\bar{\alpha})^2\right\}=(m-1)\sigma_A^2 \tag{4.25}$$

と考えることができる.式 (4.25) を式 (4.21) に代入すると,

$$nE\left\{\sum_{i=1}^{m}(\alpha_i-\bar{\alpha})^2\right\}=n(m-1)\sigma_A^2 \tag{4.26}$$

となる.

次に式 (4.22) について考えるために,$\bar{\varepsilon}_i$ を m 個取得したときの標本分散の期待値を求めると,

$$E\left\{\frac{\sum_{i=1}^{m}(\bar{\varepsilon}_i-\bar{\bar{\varepsilon}})^2}{m-1}\right\}=\frac{\sigma_e^2}{n} \tag{4.27}$$

となる.なぜなら,$\bar{\varepsilon}_i$ は ε_{ij} の n 個の標本平均であるから,$\bar{\varepsilon}_i$ の母分散は ε_{ij} の母分散 σ_e^2 の n 分の 1 になるから[23]である.よって,式 (4.27) は,

$$E\left\{\sum_{i=1}^{m}(\bar{\varepsilon}_i-\bar{\bar{\varepsilon}})^2\right\}=\frac{m-1}{n}\sigma_e^2 \tag{4.28}$$

と考えることができる.式 (4.28) を式 (4.22) に代入すると,

$$nE\left\{\sum_{i=1}^{m}(\bar{\varepsilon}_i-\bar{\bar{\varepsilon}})^2\right\}=(m-1)\sigma_e^2 \tag{4.29}$$

となる.

最後に式 (4.23) であるが,独立性より,α_i と ε_{ij} は独立であるので,

$$2nE\left\{\sum_{i=1}^{m}(\alpha_i-\bar{\alpha})(\bar{\varepsilon}_i-\bar{\bar{\varepsilon}})\right\}=0 \tag{4.30}$$

が成立する[24].

これらを総合すると,

$$E\left\{\sum_{i=1}^{m}\sum_{j=1}^{n}(\bar{x}_i-\bar{\bar{x}})^2\right\}=nE\left\{\sum_{i=1}^{m}(\alpha_i-\bar{\alpha})^2\right\}+nE\left\{\sum_{i=1}^{m}(\bar{\varepsilon}_i-\bar{\bar{\varepsilon}})^2\right\}+2nE\left\{\sum_{i=1}^{m}(\alpha_i-\bar{\alpha})(\bar{\varepsilon}_i-\bar{\bar{\varepsilon}})\right\}$$
$$=(m-1)\sigma_e^2+n(m-1)\sigma_A^2 \tag{4.31}$$

となる.

次は級内変動について考える.級内変動の期待値は,

$$E(S_e)=E\left\{\sum_{i=1}^{m}\sum_{j=1}^{n}(x_{ij}-\bar{x}_i)^2\right\} \tag{4.32}$$

---

[23] 標本平均の母分散 (2.44) を参照のこと.
[24] 独立・相関については,2.7 節を参照のこと.

を計算することによって求める.式 (4.32) に式 (4.16) と式 (4.17) を代入すると,

$$
\begin{aligned}
E\left\{\sum_{i=1}^{m}\sum_{j=1}^{n}(x_{ij}-\bar{x}_i)^2\right\} &= E\left[\sum_{i=1}^{m}\sum_{j=1}^{n}\{(\mu+\alpha_i+\varepsilon_{ij})-(\mu+\alpha_i+\bar{\varepsilon}_i)\}^2\right] \\
&= E\left\{\sum_{i=1}^{m}\sum_{j=1}^{n}(\varepsilon_{ij}-\bar{\varepsilon}_i)^2\right\} = \sum_{i=1}^{m}\left[E\left\{\sum_{j=1}^{n}(\varepsilon_{ij}-\bar{\varepsilon}_i)^2\right\}\right]
\end{aligned}
\quad (4.33)
$$

となる.式 (4.33) を計算するために,ε_{ij} を n 個取得したときの標本分散の期待値を考えると,

$$
E\left\{\frac{\sum_{j=1}^{n}(\varepsilon_{ij}-\bar{\varepsilon}_i)^2}{n-1}\right\} = \sigma_e^2 \quad (4.34)
$$

が成立する.よって式 (4.34) は,

$$
E\left\{\sum_{j=1}^{n}(\varepsilon_{ij}-\bar{\varepsilon}_i)^2\right\} = (n-1)\sigma_e^2 \quad (4.35)
$$

と考えることができる.式 (4.35) を式 (4.33) に代入すると,

$$
\begin{aligned}
E\left\{\sum_{i=1}^{m}\sum_{j=1}^{n}(x_{ij}-\bar{x}_i)^2\right\} &= \sum_{i=1}^{m}\left[E\left\{\sum_{j=1}^{n}(\varepsilon_{ij}-\bar{\varepsilon}_i)^2\right\}\right] \\
&= \sum_{i=1}^{m}\{(n-1)\sigma_e^2\} = m(n-1)\sigma_e^2
\end{aligned}
\quad (4.36)
$$

となる.

これで,級間変動,級内変動の期待値が求まったので,それらを自由度で割ることによって級内分散,級間分散の期待値が求められる.よって,級間変動の期待値である式 (4.31) を級間変動の自由度である式 (4.13) で割った結果を式 (4.37) に,級内変動の期待値である式 (4.36) を級内変動の自由度である式 (4.14) で割った結果を式 (4.38) に示す.

$$
E(V_A) = \frac{(m-1)\sigma_e^2 + n(m-1)\sigma_A^2}{m-1} = \sigma_e^2 + n\sigma_A^2 \quad (4.37)
$$

$$
E(V_e) = \frac{m(n-1)\sigma_e^2}{m(n-1)} = \sigma_e^2 \quad (4.38)
$$

となる.この結果を分散分析表に書き入れたものを表 25 に示す.

つまり,V_A は因子 A によるばらつきの母分散を n 個分と繰返しのばらつきの母分散が 1 つ合成された値を推定しているのであり,V_e はそのまま繰返しのばらつきの母分散を推定している.いい換えれば,V_e は σ_e^2 の不偏推定量で

表25 分散の期待値を追加した分散分析表

因子	変動（2乗和）S	自由度 f	分散 V	分散の期待値 $E(V)$
A	$S_\mathrm{A}=\sum_{i=1}^{m}\sum_{j=1}^{n}(\bar{x}_i-\bar{x})^2$	$f_\mathrm{A}=m-1$	$V_\mathrm{A}=\dfrac{S_\mathrm{A}}{f_\mathrm{A}}$	$\sigma_\mathrm{e}^2+n\sigma_\mathrm{A}^2$
e	$S_\mathrm{e}=\sum_{i=1}^{m}\sum_{j=1}^{n}(x_{ij}-\bar{x}_i)^2$	$f_\mathrm{e}=m(n-1)$	$V_\mathrm{e}=\dfrac{S_\mathrm{e}}{f_\mathrm{e}}$	σ_e^2
T	$S_\mathrm{T}=\sum_{i=1}^{m}\sum_{j=1}^{n}(x_{ij}-\bar{x})^2$	$f_\mathrm{T}=mn-1$		

あるということがわかる．よって，因子 A によって引き起こされるばらつきの母分散の推定値を求めたいときには，

$$\hat{\sigma}_\mathrm{A}^2=\frac{V_\mathrm{A}-V_\mathrm{e}}{n} \tag{4.39}$$

を求めればよいことがわかる．また，繰返しによって引き起こされるばらつきの母分散の推定値を求めたいときには，

$$\hat{\sigma}_\mathrm{e}^2=V_\mathrm{e} \tag{4.40}$$

でよいこともわかる．

ただ，式 (4.39) を計算すると，負の値が算出されることがある．これは分散の推定値が負になっているということで数学的におかしい．本来 V_A は $\sigma_\mathrm{e}^2+n\sigma_\mathrm{A}^2$ の推定値であり，V_e は σ_e^2 の推定値であるから，V_A は $n\sigma_\mathrm{A}^2$ だけ V_e より大きいはずであるので，$V_\mathrm{A}<V_\mathrm{e}$ となることはあり得ない．$\sigma_\mathrm{A}^2=0$ であるときにようやく $V_\mathrm{A}=V_\mathrm{e}$ となるだけである．しかし，V_A，V_e はあくまでも標本分散であり，母分散と一致するわけではない．つまり，$\sigma_\mathrm{A}^2=0$ であるときであれば，標本のとられ方によっては $V_\mathrm{A}<V_\mathrm{e}$ となってしまうことは起こり得るわけである．よって，$V_\mathrm{A}<V_\mathrm{e}$ となった場合，つまり，$\hat{\sigma}_\mathrm{A}^2<0$ となった場合には，$\hat{\sigma}_\mathrm{A}^2=0$ と考えればよいのである．このときには，「プール」という処理を行う．$\hat{\sigma}_\mathrm{A}^2=0$ は因子 A は有意ではないということを表している．つまり一元配置の分散分析では，因子 A の水準が m 個，繰返しが n 回という測定を行ったわけだが，因子 A が有意ではないということであれば，この測定は繰返しを mn 回行ったということと同じである．よって，因子 A の変動と自由度を繰返しの項に足しこみ（プールし），新しい繰返しの変動と自由度を求める．つまり，

$$S'_\mathrm{e}=S_\mathrm{A}+S_\mathrm{e} \tag{4.41}$$

$$f'_e = f_A + f_e \tag{4.42}$$

$$V'_e = \frac{S'_e}{f'_e} \tag{4.43}$$

として，プールされた繰返しの分散を求める．一元配置の分散分析の場合は，プールされた変動，自由度，標本分散は，全変動，全変動の自由度，mn 回の繰返し測定を行ったと考えた場合の標本分散と等しい．上記のプールは，$\hat{\sigma}_A^2 < 0$ となった場合だけでなく，4.6節で解説する検定によって因子 A の項が有意ではないと判定されたときにも行う．

例8：高速液体クロマトグラフィー（HPLC）による茶葉中のカフェインの定量

粉砕した茶葉試料を精秤し，アセトニトリルと水の混合液を加え，25〜30℃で40分間ゆっくり振とう・抽出する．ろ過した後に，定容して試料とする．標品を精秤し，アセトニトリルと水の混合液に溶解，希釈して標準液を調製する．試料および標準液の一定量を HPLC に注入して，ピーク面積値を測定する．5か所の茶の産地（A〜E）から茶葉を持ち寄り，産地によってカフェイン量がどの程度異なるのかを求めた．繰返しは各10回行った．その結果例を表26に示す．

表26に一元配置の分散分析を適用する．最初に補助表（表27）を作成する．表27より，

表26 茶葉中のカフェイン量（試料100 g 中）　単位：mg

	1	2	3	4	5	6	7	8	9	10	$\bar{x}_i$
A	1783	1728	1768	1814	1780	1753	1791	1751	1747	1703	1761.8
B	1798	1675	1690	1700	1677	1740	1694	1739	1709	1751	1717.3
C	1776	1837	1783	1787	1781	1774	1721	1730	1808	1793	1779.0
D	1745	1718	1740	1691	1627	1717	1780	1757	1754	1764	1729.3
E	1768	1746	1733	1656	1776	1707	1782	1770	1747	1751	1743.6

全平均：$\bar{x} = 1746.2$

表27 分散分析補助表

	$x_{ij} - \bar{x}_i$										$\bar{x}_i - \bar{x}$
A	21.2	-33.8	6.2	52.2	18.2	-8.8	29.2	-10.7	-14.8	-58.8	15.6
B	80.7	-42.3	-27.3	-17.3	-40.3	22.7	-23.3	21.7	-8.3	33.7	-28.9
C	-3.0	58.0	4.0	8.0	2.0	-5.0	-58.0	-49.0	29.0	14.0	32.8
D	15.7	-11.3	10.7	-38.3	-102.3	-12.3	50.7	27.7	24.7	34.7	-16.9
E	24.4	2.4	-10.6	-87.6	32.4	-36.6	38.4	26.4	3.4	7.4	-2.6

表 28　茶葉中のカフェイン量の分散分析表

因子	変動（2乗和）S	自由度 f	分散 V	分散の期待値 $E(V)$
A	24467.8	4	6116.95	$\sigma_e^2 + 10\sigma_A^2$
e	64136.2	45	1425.25	σ_e^2
T	88604	49		

$$S_A = \sum_{i=1}^{m}\sum_{j=1}^{n}(\overline{x}_i - \overline{\overline{x}})^2 = n\sum_{i=1}^{m}(\overline{x}_i - \overline{\overline{x}})^2 = 24467.8 \quad (4.44)$$

$$S_e = \sum_{i=1}^{m}\sum_{j=1}^{n}(x_{ij} - \overline{x}_i)^2 = 64136.2 \quad (4.45)$$

$$S_T = S_A + S_e = 88604 \quad (4.46)$$

よって，表 28 の分散分析表が得られる．したがって，産地が異なることによるばらつきは，

$$\begin{aligned}\hat{\sigma}_A^2 &= \frac{V_A - V_e}{n} = \frac{6116.95 - 1425.25}{10} = 469.17 \\ \hat{\sigma}_A &= \sqrt{469.17} = 22.66 \text{ mg}\end{aligned} \quad (4.47)$$

また，繰返しによるばらつきは

$$\begin{aligned}\hat{\sigma}_e^2 &= V_e = 1425.25 \\ \hat{\sigma}_e &= \sqrt{1425.25} = 37.75 \text{ mg}\end{aligned} \quad (4.48)$$

となった．

4.6　分散分析を用いたときの検定

　4.5 節で示した方法によってばらつきを分離することができる．しかし実際には，ばらつきを分離することが目的ではなく，瓶間のばらつきが存在するのか，しないのか，ということを判定したいということが多々ある．このときには分散分析を用いた検定を行う．
　分散分析を行った結果を用い，瓶間の濃度の違いが繰返しのばらつきと比べ意味があるほど存在するのかどうか，繰返しのばらつきと大きさを比べることによって調べることができる．今回の例では，$\sigma_e^2 + n\sigma_A^2$ と σ_e^2 の推定値の大きさを比べる．つまり，V_A と V_e の大きさを比べるということである．もし，本当に瓶によって濃度の違いがないのであれば，$\sigma_A^2 = 0$ と考えられるので，ど

ちらの分散も繰返しの分散1つ分である σ_e^2 が推定されているはずである．つまり両者の値はほぼ等しくなければならない．また，瓶によって濃度の違いが大きいのであれば，$\sigma_A^2>0$ となり，V_A は V_e より大きくなるだろう．よって，V_A と V_e の大きさを比べることによって，瓶間に本当に濃度の違いがあるのかどうかが判定できる．

実際の判定方法だが，次のような値を考える．

$$F_0 = \frac{V_A}{V_e} \tag{4.49}$$

瓶間の濃度差がないのであれば，F_0 の値は1に近付き，瓶間の濃度差が大きいのであれば，F_0 の値は1よりはるかに大きくなる．ではどのくらい大きければ瓶間の濃度差が存在すると判定されるのだろうか．これについては，3.1.3項で解説した F-分布を用いた検定を行う．

分散分析における分散比は式 (4.49) によって求められる．式 (4.49) は分散の期待値から考えると，分子は，

$$E(V_A) = \sigma_e^2 + n\sigma_A^2 \tag{4.50}$$

分母は

$$E(V_e) = \sigma_e^2 \tag{4.51}$$

の推定値である．つまり，因子 A によって値がばらつくのであれば，分散比は1以上の値をとるはずであろう．また，因子 A によって値がばらつかないのであれば，分散比は1に近付くはずである．よって，分散分析における F-検定では，上側 $P\%$ 点のみ考えればよい．なぜなら，通常分子の値の方が分母の値より大きくなるはずだからである．もし F_0 の値が1以下となったのであれば，検定を行うまでもなく，因子 A による効果は存在しないと考えてよい．

例 9：高速液体クロマトグラフィー（HPLC）による茶葉中のカフェインの定量（例 8 の続き）

例 8 で分散分析を行った結果から，産地間によるばらつきは繰返しによるばらつきと比較して意味があるのかどうかを1%の有意水準で検定する．表28から，

$$V_A = 6116.95, \quad V_e = 1425.25 \tag{4.52}$$

であるので，分散比は，

$$F_0 = \frac{V_A}{V_e} = \frac{6116.95}{1425.25} = 4.29 \tag{4.53}$$

となる.ここで F-分布表より,

$$F(4,45\,;0.01) = 3.77 \tag{4.54}$$

であるので,

$$F_0 > F(4,45\,;0.01) \tag{4.55}$$

が成立するため,1%の有意水準で産地間によるばらつきは有意であるといえる.

4.7 標準物質への値付けとそのばらつきの大きさの推定

　標準物質の値付けの際,分散分析を利用する必要がある場合は多い.ここでは,標準物質を瓶詰めし,その瓶の間のばらつきと,繰返しのばらつきを分散分析によって評価し,標準物質に付与される値とその値のばらつきを評価する方法を解説する.分散分析で各要因の分散を求めることはできるが,その各要因の分散をさらに利用するには,その測定対象について十分な知識を持ち実験計画を立てる必要がある.この標準物質への値付けの例は分散分析の応用として重要な事柄が多く含まれているため,特に詳しく解説する.

4.7.1 標準物質への値付け

　標準物質に値付けをするときには,まず瓶詰された多数の標準物質からランダムサンプリングによって,いくつかの瓶を取り出し,そのサンプリングされた瓶の標準物質をそれぞれ繰返し測定することによって,データを得,そのデータから標準物質の濃度の推定値と,その推定値のばらつきの評価を行う必要がある.よってここでは,この瓶詰めされた個々の標準物質の濃度とそのばらつきはどのような大きさになるのか考える.ここで,測定結果を x_{ij},i は測定を行う瓶 ($i=1,...,m$),j は各瓶での測定の繰返し ($j=1,...,n$) を表す.

　このとき,測定の誤差構造モデルは,

$$x_{ij} = \mu + \alpha_i + \varepsilon_{ij} \tag{4.56}$$

であり,μ は標準物質全体の濃度の母平均,α_i は各瓶の濃度と全体の濃度との

差，ε_{ij} は繰返しによる誤差を表す．

次に，ある瓶に付与される濃度がどうなるかを考える．ある瓶（i 番目）の標準物質の濃度の真値 ϕ_i は，

$$\phi_i = \mu + \alpha_i \tag{4.57}$$

である．つまり，ある瓶に詰められている標準物質の濃度は，標準物質全体の濃度の母平均 μ から α_i だけずれているはずである．よって，式（4.57）にある ϕ_i の推定値がある瓶に付与される濃度に相当する．

式（4.57）に含まれる標準物質全体の濃度の母平均 μ は，全平均である，

$$\bar{x} = \frac{\sum_{i=1}^{m} \sum_{j=1}^{n} x_{ij}}{mn} \tag{4.58}$$

によって推定できることは自明であろう．次に α_i の推定値であるが，ある瓶の α_i の推定値 $a_i = \hat{\alpha}_i$ は知ることはできない．なぜなら a_i を求めるということは，その瓶を開封し測定するということである．瓶を開封してしまうとその瓶はもう用いることはできなくなり，a_i を求めてもその値は何の意味も持たないものとなってしまうからである．よって，a_i は瓶によってそれぞれ値が異なるが，多くの瓶を用意し，それぞれの瓶に対する a_i を求めると，結局のところ a_i の平均値は 0 に近付くだろう．つまり，

$$E(a_i) = 0 \tag{4.59}$$

であるということから α_i の推定値 a_i は 0 であるとするしかない．

まとめると，ある瓶の標準物質の濃度の推定値 y_i は，

$$y_i = \bar{x} + a_i \tag{4.60}$$

によって表されるが，結局 $a_i = 0$ より，

$$y_i = \bar{x} \tag{4.61}$$

となり，全平均と等しくなる．

4.7.2 ある瓶の濃度のばらつきの算出

ある瓶に付与された値 y_i のばらつきを推定することを考える．y_i のばらつきは $\bar{x}$ のばらつきと等しくならない．なぜなら，付与された値には $a_i = 0$ と考え，a_i による効果は含まれていないが，a_i は値としては 0 であるが，そのばら

つきは0ではないからである．

つまり y_i の標本分散は，式 (4.60) の両辺の分散をとり，
$$s^2(y_i) = s^2(\overline{x}) + s^2(a_i) \tag{4.62}$$
によって求めることができる．

最初に全平均の標本分散について考える．全平均の構造は，
$$\overline{x} = \frac{\sum_{i=1}^{m}\sum_{j=1}^{n} x_{ij}}{mn} = \mu + \overline{a} + \overline{\varepsilon} \tag{4.63}$$
と表される．つまり，全平均は，一部瓶間の濃度差による誤差と，繰返しの誤差が含まれている．よって，
$$V(\overline{x}) = V(\overline{a}) + V(\overline{\varepsilon}) \tag{4.64}$$
が成立するので，$V(\overline{a})$ と $V(\overline{\varepsilon})$ の推定値を求めればよい．それには分散分析を用いればよい．つまり，
$$V(\overline{a}) = \frac{\sigma_A^2}{m}, \quad V(\overline{\varepsilon}) = \frac{\sigma_e^2}{mn} \tag{4.65}$$
より，
$$s^2(\overline{x}) = \frac{\hat{\sigma}_A^2}{m} + \frac{\hat{\sigma}_e^2}{mn} \tag{4.66}$$
によって求められる．このとき，
$$\hat{\sigma}_A^2 = \frac{V_A - V_e}{n}, \quad \hat{\sigma}_e^2 = V_e \tag{4.67}$$
である．

次に，瓶間の濃度差を表す $s^2(a_i)$ は，
$$s^2(a_i) = \hat{\sigma}_A^2 \tag{4.68}$$
によって求められる．

これらを総合すると，式 (4.62)，式 (4.66)，式 (4.68) より，
$$s^2(y_i) = s^2(\overline{x}) + s^2(a_i) = \frac{\hat{\sigma}_A^2}{m} + \frac{\hat{\sigma}_e^2}{mn} + \hat{\sigma}_A^2 = \frac{m+1}{m}\hat{\sigma}_A^2 + \frac{1}{mn}\hat{\sigma}_e^2 \tag{4.69}$$
となる．

これを見てわかるように，標準物質など，実際に測定したものに値を付けるのではなく，たくさん量があるものからいくつかサンプリングし，その量の値

を求め，全体の値と考えるときには，その全体の値と小分けしたものの値では，ばらつきの構造が変わってくる．このようなことは特に破壊試験でよく起こる．破壊試験とは，純粋な意味での繰返し測定が不可能な測定で，一度測ってしまうとその測定対象物が破壊されてしまい，二度と同じものを測定できない，というものである．コンクリートの強度試験や，金属の引っ張り試験などがこれにあたる．また，ここで説明したように一度瓶を開封し測定したものは使用できなくなる，という意味で標準物質の測定も破壊量にあたる場合が多い．

コラム6 分散分析とランダム化

1章で解説したように測定の順番のランダム化は測定を行ううえで非常に重要なテクニックである．本章を学習した方は気が付いただろうが，1章で解説した測定の順番の例はまさに一元配置の分散分析のデータ構造と同じである．つまり分散分析を行う際は，測定の順番がランダム化されているということが前提となっている．このランダム化を行った場合の実験のことを完全無作為化完備型実験といい，一元配置，多元配置の分散分析は完全無作為化完備型実験を対象とした分散分析である．

しかしながら，測定によってはランダム化が行えない場合も多く存在する．例えば，日が変わることによって値が変わるかどうかを知りたい場合である．この場合は日ごとに繰返し測定を行うわけであるが，時間をさかのぼることはできないので，ランダム化はできない．また，一度測定のセッティングを行った場合，測定を繰り返すことは簡単であっても，異なる試料をセットするには多大な労力が発生する場合もある．このような場合も時間，コストの面でランダム化が行えない場合が存在する．このようにランダム化ができない場合は一元配置，多元配置の分散分析は行えない．詳細は専門書にゆずるが，因子の種類によって分割法，枝分かれ法といった分散分析を適用することになる．ただし，ランダム化できない場合において繰返し以外に要因が1つしかない場合は通常，一段枝分かれ法という分散分析を行うが，これは数式上では一元配置の分散分析と全く同じものとなる．よって，この場合には一元配置の分散分析を代わりに用いてもよいが，因子間変動に想定し

ていないばらつきが含まれることがあるので十分に注意しなければならない.

演 習 問 題

問題1

各水準の標本平均 $\bar{x}_i$ から全平均 $\bar{x}$ を引くことによって求める標本分散,

$$s_1^2(x) = \frac{\sum_{i=1}^{m}(\bar{x}_i - \bar{x})^2}{m-1} \tag{4.70}$$

は何を推定しているかを式 (4.70) の期待値を求めることによって表せ.

問題2

ある試験所には10台の測定装置があり,その測定装置によって測定される値が微妙に異なることがわかっている.よって,その測定装置による値の違いを求めるため,10台の測定装置で同一の測定対象物を各10回ずつ繰返し測定し,その結果に一元配置の分散分析を適用し,装置が異なることによるばらつきの標準偏差,繰返しのばらつきの標準偏差の推定値をそれぞれ求めた.その結果,

$$\hat{\sigma}_A = 0.259, \quad \hat{\sigma}_e = 0.158 \tag{4.71}$$

であった.ここで,$\hat{\sigma}_A$ は装置が異なることによるばらつきの母標準偏差の推定値,$\hat{\sigma}_e$ は繰返しのばらつきの母標準偏差の推定値である.

通常この試験所では依頼品をある試験装置1台を用い,繰返しを5回行って,その標本平均を依頼品の値として依頼者に報告している.このとき,依頼者に報告する値 $\bar{x}_0$ はどの程度のばらつきであるかを推定標準偏差で表せ.ただし,依頼品を測定したときのばらつきと,分散分析を行ったときの測定対象物を測定したときのばらつきは同等だと考えることができるとする.

5. 回帰分析

　化学分析では濃度の算出に検量線を作成する場合が多い．検量線の作成方法には，絶対検量線法や，標準添加法などがある．回帰分析は，この検量線の作成に不可欠である．ソフトウェアなどを利用して手軽に回帰直線を求めることが可能であるが，それゆえ，最小二乗法の基礎についてはよく理解しておきたい．また，実際に測定データを直線にあてはめる際には，例えば，理論的に直線回帰を行うことができるかどうかや，直線範囲の確認などにも留意したい．

5.1 最小二乗法の基礎

　本章では，最小二乗法による一次回帰について解説し，回帰直線を用いた値の推定と，その推定値の持つばらつきの評価について解説する．特に分析化学においては，標準液により検量線を作成し，その検量線から測定対象物の濃度を求める，という測定が頻繁に行われるため，最も重要な統計処理法の1つである．

　x と y の間に直線関係が成立しているとき，x と y には，

$$y = \alpha + \beta x \tag{5.1}$$

という数式が成り立つ．この α と β は切片，傾きの真の値，つまり母数を表す．

　図42のような場合を考えよう．測定値 y_i に含まれる誤差を ε_i とすると，測定値 y_i は以下のような構造を持つ[25]．

---

[25] 式 (5.2) の形で測定値 y_i の構造を表すことができる，ということは，各 x_i には誤差が存在しない，または y の誤差と比べ x の誤差は十分に小さく無視できる，という前提が成り立っているということを示している．この前提はほとんどの場合成り立っていると考えられるが，x にも無視

5.1 最小二乗法の基礎

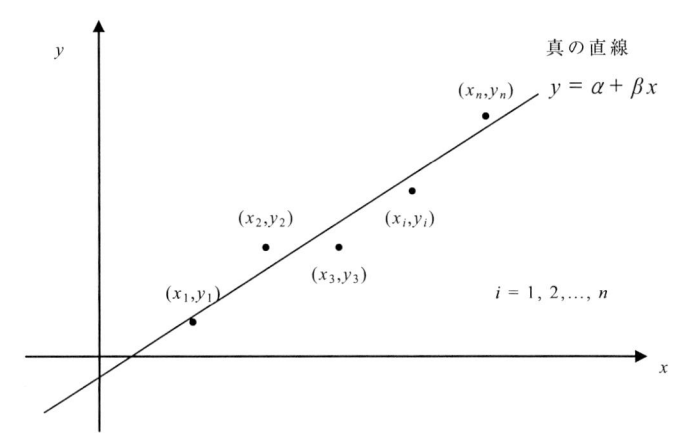

図42 一次回帰の模式図

$$y_i = \alpha + \beta x_i + \varepsilon_i \tag{5.2}$$

このとき α, β, ε_i は母数であるので，真の値を知ることはできない．よって，我々が得ることのできる式は推定値を用いた，

$$y_i = \hat{\alpha} + \hat{\beta} x_i + \hat{\varepsilon}_i \tag{5.3}$$

となる．このときの $\hat{\alpha}$ と $\hat{\beta}$ の求め方を考えてみよう．ある i のとき，直線の当てはまりの良さを表すパラメータは以下のようなものが考えられる．

$$\hat{\varepsilon}_i = y_i - (\hat{\alpha} + \hat{\beta} x_i) \tag{5.4}$$

つまり，測定結果 y_i と回帰直線を用いて得られる y_i の推定値である $\hat{\alpha} + \hat{\beta} x_i$ との差 $\hat{\varepsilon}_i$ である．$\hat{\varepsilon}_i$ のことも**残差**と呼ぶ．これが，すべての i について式 (5.4) を拡張すると，

$$S_e = \sum_{i=1}^{n} \{y_i - (\hat{\alpha} + \hat{\beta} x_i)\}^2 \tag{5.5}$$

となる．つまり S_e は残差の2乗和である．ここで，式 (5.5) の S_e を最小にする $\hat{\alpha}$ と $\hat{\beta}$ を求めることを考える．式 (5.5) を展開すると，

$$S_e = \sum_{i=1}^{n} \{y_i - (\hat{\alpha} + \hat{\beta} x_i)\}^2 = \sum_{i=1}^{n} \{y_i^2 - 2y_i(\hat{\alpha} + \hat{\beta} x_i) + (\hat{\alpha} + \hat{\beta} x_i)^2\} \tag{5.6}$$

し得ない誤差が存在し，その誤差を考慮して回帰を行わなければならないこともある．その場合はデミングの回帰が用いられることが多い．デミングの回帰については他書を参照のこと．

となることから，S_e は $\hat{\alpha}$ と $\hat{\beta}$ に関する2次式になっており，さらに $\hat{\alpha}^2$ と $\hat{\beta}^2$ の係数は正であることもわかる．よって，S_e は $\hat{\alpha}$ に関しても $\hat{\beta}$ に関しても下に凸の放物線である．つまり，S_e が最小となる $\hat{\alpha}$ と $\hat{\beta}$ を求めるには，式 (5.5) が極値をとる $\hat{\alpha}$ と $\hat{\beta}$ の値を求めればよいことがわかる．よって S_e をそれぞれ $\hat{\alpha}$ と $\hat{\beta}$ で偏微分した結果が 0 となる $\hat{\alpha}$ と $\hat{\beta}$ を求めればよいのだから，

$$\frac{\partial S_e}{\partial \hat{\alpha}} = -2\sum_{i=1}^{n} \{y_i - (\hat{\alpha} + \hat{\beta} x_i)\} = 0 \tag{5.7}$$

$$\frac{\partial S_e}{\partial \hat{\beta}} = -2\sum_{i=1}^{n} x_i \{y_i - (\hat{\alpha} + \hat{\beta} x_i)\} = 0 \tag{5.8}$$

を満たす $\hat{\alpha}$ と $\hat{\beta}$ の値を求めればよい．式 (5.7) と式 (5.8) を連立させ $\hat{\alpha}$ と $\hat{\beta}$ を求めると，

$$\hat{\alpha} = \frac{\sum_{i=1}^{n} y_i}{n} - \hat{\beta}\frac{\sum_{i=1}^{n} x_i}{n} = \bar{y} - \hat{\beta}\bar{x} \tag{5.9}$$

$$\hat{\beta} = \frac{\sum_{i=1}^{n} x_i y_i - \sum_{i=1}^{n} x_i \sum_{i=1}^{n} y_i / n}{\sum_{i=1}^{n} x_i^2 - \left(\sum_{i=1}^{n} x_i\right)^2 / n} = \frac{\sum_{i=1}^{n}(x_i - \bar{x})(y_i - \bar{y})}{\sum_{i=1}^{n}(x_i - \bar{x})^2} \tag{5.10}$$

となる[26]．このような手法のことを**最小二乗法**という．ここで推定された回帰式は，

$$y = \hat{\alpha} + \hat{\beta} x \tag{5.11}$$

または，

$$y = \hat{\alpha} + \hat{\beta} x = \bar{y} - \hat{\beta}\bar{x} + \hat{\beta} x$$

$$y = \hat{\beta}(x - \bar{x}) + \bar{y} \tag{5.12}$$

と表すことができる．式 (5.12) は一次回帰を行ったときのばらつきの評価においてよく使われる式である．これについては 5.4 節で詳しく解説する．

---

[26] 式 (5.9)，式 (5.10) の導出は付録 A の参考 1 を参照のこと．

5.2 パラメータの分散の推定

最小二乗法によって求められた $\hat{\alpha}$ と $\hat{\beta}$ は，測定結果 (x_i, y_i) から算出される母数 α, β の推定値である．また，y_i には測定のあいまいさが含まれていて値がばらついているので，当然 $\hat{\alpha}$ と $\hat{\beta}$ もばらつきを持つ．次にこの $\hat{\alpha}$ と $\hat{\beta}$ の母分散を求めることを考える．

まずは回帰を行ったときのばらつきとして一番基本となる，測定結果が回帰直線からどのくらいばらつきを持っているかということの指標である残差の分散について考える．

ε_i は互いに独立な誤差であり（誤差の独立性の仮定），またどの y_i についても誤差の分散は等しい（等分散性の仮定）とする．それを σ_e^2 で表すと，

$$V(\varepsilon_i) = \sigma_e^2 \tag{5.13}$$

となる．図示すると，図43のようになる．

残差の母分散はもちろん式 (5.13) の σ_e^2 によって表される．しかし，このとき σ_e^2 は母数であるので，σ_e^2 の真の値を知ることはできない．よって，σ_e^2 の推定値である残差の標本分散 $\hat{\sigma}_e^2$ を求める必要がある．σ_e^2 は残差の2乗平均で

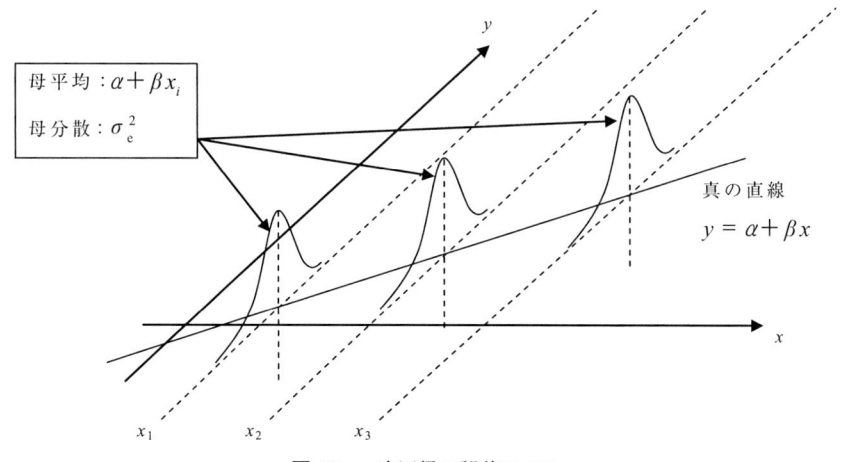

図43　一次回帰の誤差モデル

あるので，$\hat{\sigma}_e^2$ は

$$\hat{\sigma}_e^2 = \frac{\sum_{i=1}^{n}[\{y_i-(\hat{\alpha}+\hat{\beta}x_i)\}^2]}{n-2} \tag{5.14}$$

によって求めることができる．式 (5.14) の自由度は，$n-2$ である．通常の標本分散の算出では自由度は標本平均を1つ用いて偏差を求めているため自由度が1減っていたが，この直線回帰の場合は，標本平均の代わりに回帰直線上の点を用いる．よって，この直線を確定するためには自由度が2使われているので全体の自由度は $n-2$ となる[27]．

では次に，$\hat{\alpha}$ と $\hat{\beta}$ の算出式である式 (5.9)，式 (5.10) から $\hat{\alpha}$ と $\hat{\beta}$ の母分散を求める．計算の準備のために $\bar{y}$ を考える．式 (5.2) から，

$$\bar{y} = \alpha + \beta\bar{x} + \bar{\varepsilon} \tag{5.15}$$

となる．これらを用いて式 (5.10) を変形する．

$$\hat{\beta} = \frac{\sum_{i=1}^{n}(x_i-\bar{x})(y_i-\bar{y})}{\sum_{i=1}^{n}(x_i-\bar{x})^2} = \frac{\sum_{i=1}^{n}\{\alpha+\beta x_i+\varepsilon_i-(\alpha+\beta\bar{x}+\bar{\varepsilon})\}(x_i-\bar{x})}{\sum_{i=1}^{n}(x_i-\bar{x})^2}$$

$$= \beta + \frac{\sum_{i=1}^{n}\varepsilon_i(x_i-\bar{x}) - \bar{\varepsilon}\sum_{i=1}^{n}(x_i-\bar{x})}{\sum_{i=1}^{n}(x_i-\bar{x})^2}$$

ここで，$\sum_{i=1}^{n}(x_i-\bar{x})=0$ より，

$$\hat{\beta} = \beta + \frac{\sum_{i=1}^{n}\varepsilon_i(x_i-\bar{x})}{\sum_{i=1}^{n}(x_i-\bar{x})^2} \tag{5.16}$$

となる．また，式 (5.9) は，

---

[27] もう少し詳細にいうと，標本平均を用いて標本分散を算出する場合には，測定データから標本平均を1つ求め，それを標本分散の算出に用いるため自由度が1減る．一次回帰の場合は，標本平均の代わりに式 (5.11) から求められる $(x_i, \hat{\alpha}+\hat{\beta}x_i)$ を用いる．測定データから $\hat{\alpha}+\hat{\beta}x_i$ を求めるには，$\hat{\alpha}$ と $\hat{\beta}$ の2つの値を求める必要がある．よって自由度が2減る．詳しくは本章の演習問題1を参照のこと．

5.2 パラメータの分散の推定

$$\hat{\alpha} = \overline{y} - \hat{\beta}\overline{x} = \alpha + \beta\overline{x} + \overline{\varepsilon} - \left\{\beta + \frac{\sum_{i=1}^{n} \varepsilon_i(x_i - \overline{x})}{\sum_{i=1}^{n}(x_i - \overline{x})^2}\right\}\overline{x}$$

$$= \alpha + \sum_{i=1}^{n}\left\{\frac{\varepsilon_i}{n} - \frac{\varepsilon_i\overline{x}(x_i - \overline{x})}{\sum_{i=1}^{n}(x_i - \overline{x})^2}\right\}$$

$$\hat{\alpha} = \alpha + \sum_{i=1}^{n} \varepsilon_i \left\{\frac{1}{n} - \frac{\overline{x}(x_i - \overline{x})}{\sum_{i=1}^{n}(x_i - \overline{x})^2}\right\} \tag{5.17}$$

という式になる．これを見てわかるように，当然ながら $\hat{\alpha}$ と $\hat{\beta}$ は母数である α と β をばらつきなく完全に推定できるわけではなく，式（5.16）と式（5.17）の右辺第2項で表されるばらつきを含む．

ここから，$\hat{\alpha}$ の母分散 $\sigma^2(\hat{\alpha})$，$\hat{\beta}$ の母分散 $\sigma^2(\hat{\beta})$ を算出してみよう．分散の定義にのっとり計算すると，$\hat{\alpha}$ の母分散 $\sigma^2(\hat{\alpha})$ は，

$$\sigma^2(\hat{\alpha}) = E[\{\hat{\alpha} - E(\hat{\alpha})\}^2] = E\{(\hat{\alpha} - \alpha)^2\} = E\left[\left[\sum \varepsilon_i\left\{\frac{1}{n} - \frac{\overline{x}(x_i - \overline{x})}{\sum_{i=1}^{n}(x_i - \overline{x})^2}\right\}\right]^2\right]$$

$$= \frac{\sum_{i=1}^{n} x_i^2}{n\sum_{i=1}^{n}(x_i - \overline{x})^2}\sigma_e^2 \tag{5.18}$$

となる[28]．

$\hat{\beta}$ の母分散 $\sigma^2(\hat{\beta})$ は，

$$\sigma^2(\hat{\beta}) = E[\{\hat{\beta} - E(\beta)\}^2] = E[(\hat{\beta} - \beta)^2] = E\left[\left\{\frac{\sum_{i=1}^{n} \varepsilon_i(x_i - \overline{x})}{\sum_{i=1}^{n}(x_i - \overline{x})^2}\right\}^2\right]$$

$$= \frac{\sigma_e^2}{\sum_{i=1}^{n}(x_i - \overline{x})^2} \tag{5.19}$$

となる[29]．

これで傾きと切片の推定値の母分散が求まったわけであるが，傾きと切片の

---

[28] 式（5.18）への変形の詳細は付録Aの参考2参照のこと．
[29] 式（5.19）への変形の詳細は付録Aの参考3参照のこと．

推定値には相関が存在する．簡単に解説すると，直線が存在し，傾きが変化した場合には，切片も変化してしまうであろう．また，切片が変化したときも傾きが変化するであろう．

よって，傾きと切片の推定値間の共分散を計算する必要がある．直線回帰における傾きと切片の推定値の母共分散 $\sigma(\hat{\alpha}, \hat{\beta})$ は定義から，

$$\sigma(\hat{\alpha}, \hat{\beta}) = E[\{\hat{\alpha} - E(\hat{\alpha})\}\{\hat{\beta} - E(\hat{\beta})\}] \tag{5.20}$$

で表される．これに，式（5.16）と式（5.17）を代入し，計算すると，

$$\sigma(\hat{\alpha}, \hat{\beta}) = E\left[\left[\sum_{i=1}^{n} \varepsilon_i \left\{\frac{1}{n} - \frac{\bar{x}(x_i - \bar{x})}{\sum_{i=1}^{n}(x_i - \bar{x})^2}\right\}\right]\left[\frac{\sum_{i=1}^{n} \varepsilon_i(x_i - \bar{x})}{\sum_{i=1}^{n}(x_i - \bar{x})^2}\right]\right]$$

$$= -\frac{\sum_{i=1}^{n} x_i}{n\sum_{i=1}^{n}(x_i - \bar{x})^2} \sigma_e^2 \tag{5.21}$$

となる[30]．

5.3 回帰直線の推定精度

最小二乗法によって回帰直線を求めたが，その回帰直線はあくまでも真の直線を推定したものに過ぎない．ここでは，推定した回帰直線がどの程度正しいものであるかを考える．回帰直線を求めた後，ある入力量の値 x_0 を与えられ，回帰式によって推定された出力量の値 y_0 のばらつきの推定について考えてみよう．

5.1 節で求められた $\hat{\alpha}$ と $\hat{\beta}$ を用いて，回帰を行ったときのばらつきを求めるには，伝播則を用いる．ここで伝播則を再掲する．伝播則とは，測定のモデル式が，

$$y = f(x_1, x_2, x_3, \ldots, x_n) \tag{5.22}$$

で表されるとき，y の分散 $\sigma^2(y)$ は，

$$\sigma^2(y) = \sum_{i=1}^{n} \left(\frac{\partial y}{\partial x_i}\right)^2 \sigma^2(x_i) + 2\sum_{i=1}^{n-1} \sum_{j=i+1}^{n} \left(\frac{\partial y}{\partial x_i}\right)\left(\frac{\partial y}{\partial x_j}\right) \sigma(x_i, x_j) \tag{5.23}$$

---

[30] 式（5.21）への変形の詳細は付録 A の参考 4 参照のこと．

5.3 回帰直線の推定精度

によって表されるというものであった.

今回の例では，測定のモデル式は，

$$y_0 = \hat{\alpha} + \hat{\beta} x_0 \tag{5.24}$$

と表すことができる．また，これまでと同様に x のばらつきは無視できるとする．式 (5.24) に伝播則を適用すると，

$$\sigma^2(y_0) = \left(\frac{\partial y_0}{\partial \hat{\alpha}}\right)^2 \sigma^2(\hat{\alpha}) + \left(\frac{\partial y_0}{\partial \hat{\beta}}\right)^2 \sigma^2(\hat{\beta}) + 2\left(\frac{\partial y_0}{\partial \hat{\alpha}}\right)\left(\frac{\partial y_0}{\partial \hat{\beta}}\right)\sigma(\hat{\alpha}, \hat{\beta}) \tag{5.25}$$

となる.

次に，式 (5.24) で表された出力量の値 y_0 のばらつきを求める．式 (5.25) において，

$$\frac{\partial y_0}{\partial \hat{\alpha}} = 1, \quad \frac{\partial y_0}{\partial \hat{\beta}} = x_0 \tag{5.26}$$

である．式 (5.25) に式 (5.18)，式 (5.19)，式 (5.21)，式 (5.26) を代入すると，

$$\sigma^2(y_0) = \left(\frac{\partial y_0}{\partial \hat{\alpha}}\right)^2 \sigma^2(\hat{\alpha}) + \left(\frac{\partial y_0}{\partial \hat{\beta}}\right)^2 \sigma^2(\hat{\beta}) + 2\left(\frac{\partial y_0}{\partial \hat{\alpha}}\right)\left(\frac{\partial y_0}{\partial \hat{\beta}}\right)\sigma(\hat{\alpha}, \hat{\beta})$$

$$= 1^2 \cdot \frac{\sum_{i=1}^{n} x_i^2}{n \sum_{i=1}^{n} (x_i - \bar{x})^2} \sigma_e^2 + x_0^2 \cdot \frac{\sigma_e^2}{\sum_{i=1}^{n} (x_i - \bar{x})^2} + 2 x_0^2 \left\{-\frac{\sum_{i=1}^{n} x_i}{n \sum_{i=1}^{n} (x_i - \bar{x})^2} \sigma_e^2\right\}$$

$$\sigma^2(y_0) = \left\{\frac{1}{n} + \frac{(x_0 - \bar{x})^2}{\sum_{i=1}^{n} (x_i - \bar{x})^2}\right\} \sigma_e^2 \tag{5.27}$$

となる[31]．これで，測定のモデル式が式 (5.24) である回帰式を用いたときの出力量の値 y_0 の母分散を求めることができた．しかし，式 (5.27) で示されているものは母数であるので，実際には求めることはできない．よって，$\sigma^2(y_0)$ の推定値 $\hat{\sigma}^2(y_0)$ を求めることを考える．式 (5.27) 内右辺に含まれている値の中で，実際に知ることができない母数は σ_e^2 である．σ_e^2 は式 (5.14) によって推定できるので，$\hat{\sigma}^2(y_0)$ は，

---

[31] 式 (5.27) への変形の詳細は付録 A の参考 5 参照のこと.

表29 回帰用データ

	測定データ					平均
x	1	2	3	4	5	3
y	0.24	3.31	2.33	4.44	5.48	3.16

表30 回帰を行うための補助表

						2乗和・和
$(x_i-\bar{x})$	-2	-1	0	1	2	10
$(y_i-\bar{y})$	-2.92	0.15	-0.83	1.28	2.32	16.2586
$(x_i-\bar{x})(y_i-\bar{y})$	5.84	-0.15	0	1.28	4.64	11.61

$$\hat{\sigma}^2(y_0)=\left\{\frac{1}{n}+\frac{(x_0-\bar{x})^2}{\sum_{i=1}^{n}(x_i-\bar{x})^2}\right\}\hat{\sigma}_e^2 \qquad (5.28)$$

として実際に求めることができる.

例10：回帰の典型例における直線回帰の推定精度

　回帰を行うためのデータを表29に示す．まず，補助表を作成する（表30）．表29，表30より，

$$\hat{\beta}=\frac{\sum_{i=1}^{n}(x_i-\bar{x})(y_i-\bar{y})}{\sum_{i=1}^{n}(x_i-\bar{x})^2}=\frac{11.61}{10}=1.161 \qquad (5.29)$$

$$\hat{\alpha}=\bar{y}-\hat{\beta}\bar{x}=3.16-1.161\times3=-0.323 \qquad (5.30)$$

となる．よって，推定された回帰式は，

$$y=1.161x-0.323 \qquad (5.31)$$

である．この回帰式の推定精度を求める．まず補助表を作成する（表31）．

　よって，ある x の値 x_0 が与えられたときの y_0 の値の標本分散は式（5.28）より，

$$\hat{\sigma}^2(y_0)=\left\{\frac{1}{n}+\frac{(x_0-\bar{x})^2}{\sum_{i=1}^{n}(x_i-\bar{x})^2}\right\}\hat{\sigma}_e^2=\left\{\frac{1}{5}+\frac{(x_0-3)^2}{10}\right\}\times0.9265 \qquad (5.32)$$

$$=0.1853+0.09265(x_0-3)^2$$

　また，y_0 の標本標準偏差は，

$$\hat{\sigma}(y_0)=\sqrt{0.1853+0.09265(x_0-3)^2} \qquad (5.33)$$

5.3 回帰直線の推定精度

表31 残差の標本分散算出のための補助表

	測定データ				
x	1	2	3	4	5
y	0.24	3.31	2.33	4.44	5.48
$\hat{\alpha}+\hat{\beta}x_i$	0.838	1.999	3.16	4.321	5.482
残　差	−0.598	1.311	−0.830	0.119	−0.002
(残差)^2	0.357604	1.718721	0.688900	0.014161	0.000004
残差の2乗和	2.7794			残差の標本分散	0.9265

となる．ここで，各 x_0 における y_0 は正規分布に従っているとし，標本分散を母分散の推定値として用い，y_0 の値を95%の信頼水準で推定すると，

$$(\hat{\alpha}+\hat{\beta}x_0)-z_0\hat{\sigma}(y_0) < y_0 < (\hat{\alpha}+\hat{\beta}x_0)+z_0\hat{\sigma}(y_0)$$

$$(-0.323+1.161x_0)-1.96\sqrt{0.1853+0.09265(x_0-3)^2}$$
$$< y_0 < (-0.323+1.161x_0)+1.96\sqrt{0.1853+0.09265(x_0-3)^2} \quad (5.34)$$

となる．この結果を図44に示す．

図44の実線が求められた回帰直線で，破線がそれぞれ95%の信頼水準で推定された y_0 の上限，下限である．これを見ると，推定精度が一番高いところは，$x_0=3$，つまり，x の平均値のところである．そこから離れるにつれて推定精度が悪くなっていることがわかる．特に直線回帰を行うために $x=1$〜5 まで設定したが，その外側部分では特に精度が悪くなることがわかるだろう．直線回帰を行えば，実際に測定した (x, y) の値以外のところでも x に対する y の値を求めることができる．このとき，回帰直線を求めるために設定した x の値の範囲内の x の値に対して y の値を求めることを**内挿**という（つまり，今回の例では，$x=1$〜5 で回帰直線を求めたので，$x_0=2.5$ や，$x_0=4.2$ のときの y の値を求める，ということ）．またその範囲外の x の値に対して y の値を求めることを**外挿**という（今回の例では，$x=0$，$x=-2.5$，$x=8.3$ などのときの y の値を求めるということ）．

回帰を行った際，内挿はかまわないが，外挿はやむを得ない場合を除き行わない方がよい，とよくいわれるが，このように外挿は非常に推定精度が悪くなるということが原因の1つである．また実際に測定をした範囲であれば，直線性が担保されているということは回帰を行うためのデータや散布図を見ればわ

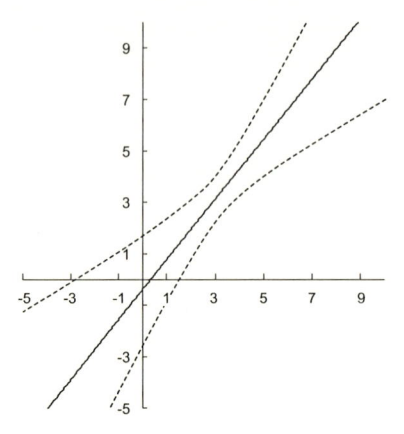

図 44 回帰直線とその精度

かるが，外挿の場合そもそも実際に測定した範囲外では直線性が担保されているかどうかはわからないということも大きな原因である．

そして，x の平均値のところが一番推定精度がよい，ということを逆にいうと，最小二乗法による直線回帰を行うということは，x の平均値のところが一番推定精度が高い，という前提を置いて評価している，ということである．これは実際に測定を行っている人からすると受け入れられにくい前提でもある．例えば，x の値として，$x=1,2,3,4$ の 4 点を選んだとすると，この場合一番推定精度が高い部分は x の平均値である $x_0=2.5$ のときである．しかし，$x_0=2.5$ は，回帰直線を求めるときには測定を行っていない値である．測定者からすると，一番信用できる値は自分が測定した値であると思われるが，回帰分析においては，測定していない $x_0=2.5$ のときが一番信用できる値となる．このことは標本平均を測定結果として報告することと同じである．つまり通常標本平均が最も確からしい測定結果として報告されるが，標本平均は実際に測定されたデータではなく，算出された値である．

5.4 相関を考慮しない一次回帰式のばらつき

式 (5.1) で表された直線回帰式では，傾きと切片が相関を持つということを 5.3 節で解説した．しかし，式 (5.1) を式 (5.12) に変形を行うと相関を

5.4 相関を考慮しない一次回帰式のばらつき

考える必要がなくなる.

理由を考えてみよう. 式 (5.12) は x に変数変換を施し, $x-\bar{x}$ としたものである. この場合求める未知数が $\hat{\alpha}, \hat{\beta}$ ではなく $\bar{y}, \hat{\beta}$ となる. $\bar{y}$ と $\hat{\beta}$ の間に相関があるかを考えてみる.

次の図 45 は $\bar{y}$ と $\hat{\beta}$ の関係を図に表したものである.

図 45 を見てわかるように, 求められた直線は, $\hat{\beta}$ の値が変わろうと, 必ず点 $(\bar{x}, \bar{y})$ を通る. よって, いかに $\hat{\beta}$ が変動しても, $\bar{y}$ の値に影響を与えることはない. よって, $\bar{y}$ と $\hat{\beta}$ の間には相関がない[32]. また, 図 44 と見比べると, x の平均値の部分で一番推定精度が高いということもわかるだろう. なぜなら, x の標本平均の部分では傾きのばらつきがいくつであったとしても影響は受けないからである. また x の平均値から離れるごとに推定精度が悪くなるのは, 傾きのばらつきの影響を大きく受けるからである.

ではモデル式が,

$$y_0 = \hat{\beta}(x_0 - \bar{x}) + \bar{y} \tag{5.35}$$

で表される場合の出力量の値 y_0 の母分散を求める. 式 (5.35) に伝播則を適用すると,

$$\sigma^2(y_0) = \left(\frac{\partial y_0}{\partial \hat{\beta}}\right)^2 \sigma^2(\hat{\beta}) + \left(\frac{\partial y_0}{\partial \bar{y}}\right)^2 \sigma^2(\bar{y}) \tag{5.36}$$

となる[33]. 次に $\hat{\beta}$ の母分散を算出する. これは先に説明した $\hat{\beta}$ と同じ値であ

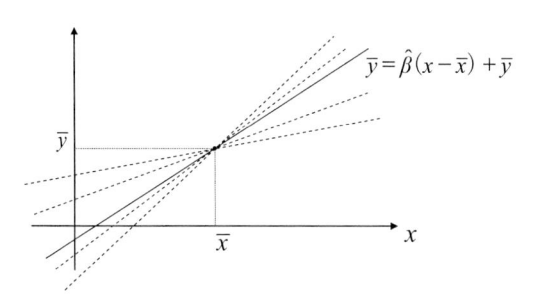

図 45 $\bar{y}$ と $\hat{\beta}$ との関係

---

[32] 詳細は, 本章の演習問題 2 を参照のこと.
[33] x_0 と $\bar{x}$ についての項が存在しない理由は 108 ページの脚注[25]を参照のこと.

るので，分散は式 (5.19) で表されるが，今度は異なる方法で式 (5.19) を求める．

式 (5.10) より，

$$\hat{\beta}=\frac{\sum_{i=1}^{n}(x_i-\bar{x})(y_i-\bar{y})}{\sum_{i=1}^{n}(x_i-\bar{x})^2}=\frac{1}{\sum_{i=1}^{n}(x_i-\bar{x})^2}\left\{\sum_{i=1}^{n}y_i(x_i-\bar{x})-\bar{y}\sum_{i=1}^{n}(x_i-\bar{x})\right\}$$

ここで，$\sum_{i=1}^{n}(x_i-\bar{x})=0$ より，

$$\hat{\beta}=\frac{1}{\sum_{i=1}^{n}(x_i-\bar{x})^2}\left\{\sum_{i=1}^{n}y_i(x_i-\bar{x})\right\}=\frac{1}{\sum_{i=1}^{n}(x_i-\bar{x})^2}\{y_1(x_1-\bar{x})+\cdots+y_n(x_n-\bar{x})\}$$

ここで，$w_i=(x_i-\bar{x})/\sum_{i=1}^{n}(x_i-\bar{x})^2$ とおくと，$\hat{\beta}=\sum_{i=1}^{n}w_iy_i$ となる．よって，$\hat{\beta}$ の母分散 $\sigma^2(\hat{\beta})$ は，

$$\sigma^2(\hat{\beta})=V(\sum_{i=1}^{n}w_iy_i)=\sum_{i=1}^{n}V(w_iy_i)=\sum_{i=1}^{n}w_i^2\cdot V(y_i) \qquad (5.37)$$

と表される．次に $V(y_i)$ について考えよう．これは測定値 y_i の回帰直線からのばらつきを表している．回帰直線からのばらつきとは式 (5.13) より，σ_e^2 のことである．よって，

$$V(y_i)=\sigma_e^2 \qquad (5.38)$$

となる．すなわち式 (5.37) は式 (5.38) を用いて，

$$\sigma^2(\hat{\beta})=\sum_{i=1}^{n}w_i^2V(y_i)=\sigma_e^2\sum_{i=1}^{n}w_i^2=\sigma_e^2\sum_{i=1}^{n}\left[\frac{(x_i-\bar{x})^2}{\left\{\sum_{j=1}^{n}(x_j-\bar{x})^2\right\}^2}\right]$$

$$\sigma^2(\hat{\beta})=\frac{\sigma_e^2}{\sum_{i=1}^{n}(x_i-\bar{x})^2} \qquad (5.39)$$

となり，式 (5.19) と同じものが算出できた．

次に，$\sigma^2(\bar{y})$ について考えよう．$\bar{y}$ は y_i の標本平均である．$\bar{y}$ の母分散 $\sigma^2(\bar{y})$ は y_i の母分散 σ_e^2 を用いて

$$\sigma^2(\bar{y})=\frac{\sigma_e^2}{n} \qquad (5.40)$$

と表される．また，

$$\frac{\partial y_0}{\partial \widehat{\beta}} = x_0 - \bar{x}, \quad \frac{\partial y_0}{\partial \bar{y}} = 1 \tag{5.41}$$

である．

よって，出力量の値 y_0 の母分散 $\sigma^2(y_0)$ は，式（5.36）に，式（5.39），式（5.40），式（5.41）を代入し，

$$\sigma^2(y_0) = \left(\frac{\partial y_0}{\partial \widehat{\beta}}\right)^2 \sigma^2(\widehat{\beta}) + \left(\frac{\partial y_0}{\partial \bar{y}}\right)^2 \sigma^2(\bar{y}) = (x_0 - \bar{x})^2 \frac{\sigma_e^2}{\sum (x_i - \bar{x})^2} + \frac{\sigma_e^2}{n}$$

$$\sigma^2(y_0) = \left\{\frac{1}{n} + \frac{(x_0 - \bar{x})^2}{\sum_{i=1}^{n}(x_i - \bar{x})^2}\right\}\sigma_e^2 \tag{5.42}$$

と求めることができる．またここで求められた出力量の値 y_0 の母分散は母数であるので，実際に算出するためにはその推定値 $\widehat{\sigma}^2(y_0)$ を，

$$\widehat{\sigma}^2(y_0) = \left\{\frac{1}{n} + \frac{(x_0 - \bar{x})^2}{\sum_{i=1}^{n}(x_i - \bar{x})^2}\right\}\widehat{\sigma}_e^2 \tag{5.43}$$

によって求める．

これらの式は，式（5.27），式（5.28）と同じである．このように，回帰を行うときには，相関が起こらないように式変形をすれば，計算が非常に楽になる．

5.5 回帰直線を利用した測定を行った際のばらつきの評価

　回帰直線を利用した測定は，前節で解説したような求めた回帰直線に x の値を代入し y の値を求める，といったものだけではない．本節では，様々な回帰直線を用いた測定とそのばらつきの評価法を解説する．ここでは，測定結果とそのばらつきを求めた結果例を示しているが，ここで求めたばらつきはあくまでも回帰直線を用い測定結果を求めたときのばらつきの評価法を示しているだけであって，そのほかのばらつきの要因については考慮していない．よって，本来の測定結果のばらつきはそのほかの要因が含まれることによって，ここで求めたばらつきよりもさらに大きくなることが予想される．この点を十分に留意していただきたい．

5.5.1 逆 推 定

回帰直線を利用した測定において最もよく用いられるのは，標準物質などの測定標準を用い検量線（一次回帰式）を求め，その検量線に従ってピーク面積などの測定装置の出力を測定標準の値の単位に変換し，最終的な測定結果を算出するというものである．このような測定の方法はしばしば逆推定と呼ばれる．本節では逆推定によって評価された測定結果のばらつきの評価について考える．

この測定におけるモデル式は，式 (5.35) ではなく，その逆関数である，

$$x_0 = \frac{y_0 - \bar{y}}{\hat{\beta}} + \bar{x} \tag{5.44}$$

となる．つまり，校正のときに得られたデータより，$\hat{\beta}$, $\bar{x}$, $\bar{y}$ を求め，その後測定対象物を測定した際の y_0 を式 (5.44) に代入し，x_0 を得る，ということである．このとき x_0 のばらつきの評価を考える．

式 (5.44) に伝播則を適用する．

$$\sigma^2(x_0) = \left(\frac{\partial x_0}{\partial y_0}\right)^2 \sigma^2(y_0) + \left(\frac{\partial x_0}{\partial \bar{y}}\right)^2 \sigma^2(\bar{y}) + \left(\frac{\partial x_0}{\partial \hat{\beta}}\right)^2 \sigma^2(\hat{\beta})$$

$$\sigma^2(x_0) = \frac{1}{\hat{\beta}^2}\{\sigma^2(y_0) + \sigma^2(\bar{y})\} + \left(-\frac{y_0 - \bar{y}}{\hat{\beta}^2}\right)^2 \sigma^2(\hat{\beta}) \tag{5.45}$$

となる．ここで，$\sigma^2(\bar{y})$ は式 (5.40)，$\sigma^2(\hat{\beta})$ は式 (5.39) より求められる．

$\sigma^2(y_0)$ は，被測定物のピーク面積などを繰返し測定した際のばらつきである．安定した被測定物を測っている限り，検量線を作成する際に標準物質を測定しピーク面積を求めたときのばらつき，つまり σ_e^2 と同じであることが期待される．また，この読み値は l 回の繰返し測定の標本平均であるとしよう．そうすると $\sigma^2(y_0)$ は，

$$\sigma^2(y_0) = \frac{\sigma_e^2}{l} \tag{5.46}$$

となる．

よって，式 (5.45) に式 (5.39)，式 (5.40)，式 (5.46) を代入すると，

$$\sigma^2(x_0) = \frac{1}{\hat{\beta}^2}\left(\frac{\sigma_e^2}{l} + \frac{\sigma_e^2}{n}\right) + \left(-\frac{y_0 - \bar{y}}{\hat{\beta}^2}\right)^2 \frac{\sigma_e^2}{\sum_{i=1}^{n}(x_i - \bar{x})^2}$$

5.5 回帰直線を利用した測定を行った際のばらつきの評価

$$\sigma^2(x_0) = \frac{\sigma_e^2}{\widehat{\beta}^2}\left\{\frac{1}{l} + \frac{1}{n} + \frac{(y_0-\bar{y})^2}{\widehat{\beta}^2\sum_{i=1}^{n}(x_i-\bar{x})^2}\right\} \tag{5.47}$$

となる.また,式 (5.47) は母数である $\sigma^2(x_0)$ を算出する式であるので,母数である $\sigma^2(x_0)$ の推定値 $\widehat{\sigma}^2(x_0)$ を求めるためには,

$$\widehat{\sigma}^2(x_0) = \frac{\widehat{\sigma}_e^2}{\widehat{\beta}^2}\left\{\frac{1}{l} + \frac{1}{n} + \frac{(y_0-\bar{y})^2}{\widehat{\beta}^2\sum_{i=1}^{n}(x_i-\bar{x})^2}\right\} \tag{5.48}$$

を計算すればよい.ここで,式 (5.48) を分解して考えると,

$$\frac{1}{l} \cdot \frac{\widehat{\sigma}_e^2}{\widehat{\beta}^2} \tag{5.49}$$

の部分は x_0 の全ばらつき中,被測定物を測定したときのばらつきの成分を表している.次に

$$\frac{1}{n} \cdot \frac{\widehat{\sigma}_e^2}{\widehat{\beta}^2} \tag{5.50}$$

の部分は回帰直線を求めるための測定結果 y の標本平均のばらつき,つまり,回帰直線そのものが上下に平行移動するようなばらつきの成分を表している.そして,

$$\frac{\widehat{\sigma}_e^2}{\widehat{\beta}^2} \cdot \frac{(y_0-\bar{y})^2}{\widehat{\beta}^2\sum_{i=1}^{n}(x_i-\bar{x})^2} \tag{5.51}$$

の部分は,回帰直線の傾きに由来するばらつきの成分を表している.

また,状態が安定した被測定物を測ったのではなく,測定の繰返しごとに被測定物が変化することが由来のばらつきがあると考えられ,その測定のばらつきが検量線作成時のばらつき σ_e^2 と同じであるとは考えられない場合には,式 (5.46) の代わりに,被測定物を繰返し測定した際のデータから求めた y_0 の分散である $\sigma_e'^2$ を用いた,

$$\sigma'^2(y_0) = \frac{\sigma_e'^2}{l} \tag{5.52}$$

を求め,式 (5.45) に代入し,

$$\sigma^2(x_0) = \frac{1}{\widehat{\beta}^2}\{\sigma'^2(y_0) + \sigma^2(\bar{y})\} + \left(-\frac{y_0 - \bar{y}}{\widehat{\beta}^2}\right)^2 \sigma^2(\widehat{\beta})$$

$$= \frac{1}{\widehat{\beta}^2}\left\{\frac{\sigma_e'^2}{l} + \frac{\sigma_e^2}{n}\right\} + \left(-\frac{y_0 - \bar{y}}{\widehat{\beta}^2}\right)^2 \frac{\sigma_e^2}{\sum_{i=1}^{n}(x_i - \bar{x})^2} \quad (5.53)$$

$$= \frac{\sigma_e'^2}{l\widehat{\beta}^2} + \frac{\sigma_e^2}{\widehat{\beta}^2}\left\{\frac{1}{n} + \frac{(y_0 - \bar{y})^2}{\widehat{\beta}^2 \sum_{i=1}^{n}(x_i - \bar{x})^2}\right\}$$

から求めればよい．

例11：マイクロ GC を用いたプロパンガスの濃度分析

　最初に，標準ガスをマイクロ GC で測定し，そのピーク面積を求めることによって，検量線を作成する．ここで用いられた標準ガスの濃度とその標準ガスを測定したときのピーク面積例を表32に示す．

　5.5.1項で解説した内容と異なるのは，各標準ガスの濃度のところで，繰返し測定が行われていることである．標準ガス濃度を x_i，その標準ガスを測定したときのピーク面積を y_{ij} とし，その関係が直線で表されるとすると，関係式は，

$$y_{ij} = \widehat{\beta}(x_i - \bar{x}) + \bar{y} \quad i = 1 \sim 4 \quad j = 1 \sim 5 \quad (5.54)$$

となる．このとき，$\bar{x}$ は用いた標準ガス濃度の平均値，$\bar{y}$ は測定されたピーク面積の全平均値である．このとき，

$$\widehat{\beta} = \frac{\sum_i x_i \sum_j y_{ij} - \sum_i \sum_j y_{ij} \cdot k \sum_i x_i / kn}{k \sum_i x_i^2 - (k \sum_i x_i)^2 / kn}, \quad \widehat{\alpha} = \bar{y} - \widehat{\beta}\bar{x} \quad (5.55)$$

より，

$$\widehat{\beta} = 1.751658, \quad \widehat{\alpha} = 48.9651 \quad (5.56)$$

となる．これをグラフで表すと，図46のようになる．

表32　標準ガスの濃度とそのピーク面積例

標準ガス濃度	繰返し（ピーク面積）					合計	平均
(μmol/mol)	1	2	3	4	5		
29472.39	51632	51637	51659	51648	51670	258246	51649.2
30710.99	53872	53870	53847	53845	53839	269273	53854.6
30428.24	53375	53369	53361	53384	53345	266834	53366.8
39053.85	68439	68465	68478	68442	68450	342274	68454.8

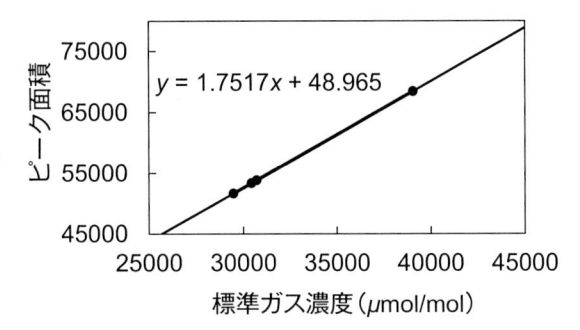

5.5 回帰直線を利用した測定を行った際のばらつきの評価

図46のグラフ中に $y = 1.7517x + 48.965$ と表示されている。

図 46 標準ガス濃度とピーク面積の関係

表 33 実際に値付けしたいサンプルの測定結果例

繰返し	測定値
1	59487
2	59715
3	59717
4	59587
5	59624
標本平均	59626
標本分散	9262
標本標準偏差	96.24
標本平均の標本標準偏差	43.04

このときの残差は,

$$\hat{\sigma}_e^2 = \frac{\sum_i \sum_j \{y_{ij} - (\alpha + \beta x_i)\}}{kn - 2} = 515.5689 \tag{5.57}$$

である.

ここで,実際に値付けしたいサンプルの測定結果例を表33に示す.

このサンプルの濃度は,

$$x_{\text{SAM}} = \frac{y_{\text{SAM}} - \hat{\alpha}}{\hat{\beta}} = 34011.80 \, \mu\text{mol/mol} \approx 34012 \, \mu\text{mol/mol} \tag{5.58}$$

となり,また,そのサンプルの濃度の推定された標準偏差は,

$$\hat{\sigma}(x_{\text{SAM}}) = \sqrt{\frac{1}{\hat{\beta}^2}\{\hat{\sigma}^2(y_{\text{SAM}}) + \hat{\sigma}^2(\overline{\overline{y}})\} + \left\{-\frac{y_{\text{SAM}} - \overline{\overline{y}}}{\hat{\beta}^2}\right\}^2 \hat{\sigma}^2(\hat{\beta})} \tag{5.59}$$

$$= 24.75 \, \mu\text{mol/mol} \approx 25 \, \mu\text{mol/mol}$$

となる.

5.5.2 測定結果が回帰直線の x 切片から求められる場合のばらつき

標準添加法においては,回帰直線と x 軸との交点を求め,原点と x 軸との交点との距離が測定結果となる.そのような場合のばらつきの算出法について考える.

回帰直線を,

$$y = \hat{\beta}(x-\bar{x}) + \bar{y} \tag{5.60}$$

としたとき,この回帰直線と x 軸との交点の座標は,$y=0$ を式 (5.60) に代入したときの x の値となるので,その交点の座標を x_0 とすると,

$$x_0 = \bar{x} - \frac{\bar{y}}{\hat{\beta}} \tag{5.61}$$

となる.また原点からの距離は式 (5.61) の絶対値によって表されるが,標準添加法においては,x_0 の値は負となるので,原点からの距離は,

$$|x_0| = \frac{\bar{y}}{\hat{\beta}} - \bar{x} \tag{5.62}$$

によって表すことができる.式 (5.62) に伝播則を適用すると,

$$\sigma^2(|x_0|) = \left(\frac{1}{\hat{\beta}}\right)^2 \sigma^2(\bar{y}) + \left(-\frac{\bar{y}}{\hat{\beta}^2}\right)^2 \sigma^2(\hat{\beta}) \tag{5.63}$$

となる[34].

式 (5.63) に式 (5.39),式 (5.40) を代入すると,

$$\sigma^2(|x_0|) = \left(\frac{1}{\hat{\beta}}\right)^2 \frac{\sigma_e^2}{n} + \left(-\frac{\bar{y}}{\hat{\beta}^2}\right)^2 \frac{\sigma_e^2}{\sum_{i=1}^{n}(x_i-\bar{x})^2} = \frac{\sigma_e^2}{\hat{\beta}^2}\left\{\frac{1}{n} + \frac{\bar{y}^2}{\hat{\beta}^2 \sum_{i=1}^{n}(x_i-\bar{x})^2}\right\} \tag{5.64}$$

となり,推定値の母分散を求めることができる.ただし,母分散は母数なので,知ることができない.よって,実際に計算する際には推定値を用いて,

$$\hat{\sigma}^2(|x_0|) = \frac{\hat{\sigma}_e^2}{\hat{\beta}^2}\left\{\frac{1}{n} + \frac{\bar{y}^2}{\hat{\beta}^2 \sum_{i=1}^{n}(x_i-\bar{x})^2}\right\} \tag{5.65}$$

---

[34] $\bar{x}$ についての項が存在しない理由は脚注[25]を参照のこと.

によって計算する．

例 12：原子吸光法による河川水中のクロムの定量

添加したクロムの濃度が $0\,\mu g/L$ から $0.5\,\mu g/L$ となるようクロムの標準液を添加した試料を調製し，電気加熱原子吸光法で測定を行った．

測定結果例を表 34 に示す．まず補助表を作成する（表 35）．表 34，表 35 から

$$\hat{\beta} = \frac{\sum_{i=1}^{n}(x_i-\bar{x})(y_i-\bar{y})}{\sum_{i=1}^{n}(x_i-\bar{x})^2} = \frac{0.045134}{0.148} = 0.3050 \tag{5.66}$$

$$\hat{\alpha} = \bar{y} - \hat{\beta}\bar{x} = 0.1040 - 0.3050 \times 0.22 = 0.03687 \tag{5.67}$$

となる．よって，クロム濃度は，

$$|x_0| = \frac{\bar{y}}{\hat{\beta}} - \bar{x} = \frac{0.1040}{0.3050} - 0.22 = 0.120\,\mu g/L \tag{5.68}$$

となる．次にこのクロム濃度のばらつきを求める．まず，残差の標本分散算出のための補助表を作成する（表 36）．

ここで求めた値を，式（5.65）に代入する．

$$\begin{aligned}
\hat{\sigma}^2(|x_0|) &= \frac{\hat{\sigma}_e^2}{\hat{\beta}^2}\left\{\frac{1}{n} + \frac{\bar{y}^2}{\hat{\beta}^2\sum_{i=1}^{n}(x_i-\bar{x})^2}\right\} \\
&= \frac{0.00003976}{0.3050^2}\left\{\frac{1}{5} + \frac{0.1040^2}{0.3050^2 \cdot 0.148}\right\} = 0.0004212
\end{aligned} \tag{5.69}$$

表 34　添加したクロム濃度と吸光度の関係例

	測定データ					平均
試料に添加した Cr の濃度（μg/L）	0	0.1	0.2	0.3	0.5	0.22
吸光度	0.0385	0.0607	0.0976	0.138	0.185	0.10396

表 35　回帰を行うための補助表

						2 乗和・和
$(x_i-\bar{x})$	-0.22	-0.12	-0.02	0.08	0.28	0.148
$(y_i-\bar{y})$	-0.06546	-0.04326	-0.00636	0.03404	0.08104	0.013923092
$(x_i-\bar{x})(y_i-\bar{y})$	0.0144012	0.0051912	0.0001272	0.0027232	0.0226912	0.045134

表36 残差の標本分散算出のための補助表

	測定データ				
x	0	0.1	0.2	0.3	0.5
y	0.0385	0.0607	0.0976	0.138	0.185
$\hat{\alpha}+\hat{\beta}x_i$	0.036868919	0.067364865	0.097860811	0.128356757	0.189348649
残差	0.001631081	-0.006664865	-0.000260811	0.009643243	-0.004348649
(残差)^2	0.000002660	0.000044420	0.000000068	0.000092992	0.000018911
残差の2乗和	0.000159052			残差の標本分散	0.000039763

よって,クロム濃度の標準偏差の推定値は,

$$\hat{\sigma}(|x_0|)=\sqrt{0.0004212}=0.021\ \mu g/L \tag{5.70}$$

となる.

5.5.3 測定結果が回帰直線の y 切片から求められる場合のばらつき

物性などでは,直線回帰を行ったあと,その y 切片を外挿によって求め,それを測定結果として用いることがある.このときのばらつきの評価を考える.

例13:熱拡散率測定のばらつき

レーザーフラッシュ法による熱拡散率の測定はレーザーによって試料表面を加熱し,その試料裏面の温度応答を観測する.しかし,試料の温度は加熱によって上昇するので,この測定で得られた熱拡散率は,その温度変化域内での熱拡散率の平均値のような値として算出される.よって,加熱エネルギーに対する熱拡散率の変化を調べ,加熱エネルギーをゼロに外挿することによって切片を求め,加熱前の一定温度において,温度依存性や装置の特性の影響がない厳密な熱拡散率を決定することができる.図47が詳細である.

このときの出力量の値の推定値は,式 (5.35) の $x_0=0$ のときである,

$$y_0=-\hat{\beta}\bar{x}+\bar{y} \tag{5.71}$$

となる.出力量の値のばらつきは式 (5.71) に伝播則を適用すると,

$$\sigma^2(y_0)=\left[\frac{\partial y_0}{\partial \hat{\beta}}\right]^2\sigma^2(\hat{\beta})+\left[\frac{\partial y_0}{\partial \bar{y}}\right]^2\sigma^2(\bar{y})=(-\bar{x})^2\frac{\sigma_e^2}{\sum_{i=1}^{10}(x_i-\bar{x})^2}+\frac{\sigma_e^2}{n}$$

$$\sigma^2(y_0)=\sigma_e^2\left\{\frac{1}{n}+\frac{\bar{x}^2}{\sum_{i=1}^{10}(x_i-\bar{x})^2}\right\} \tag{5.72}$$

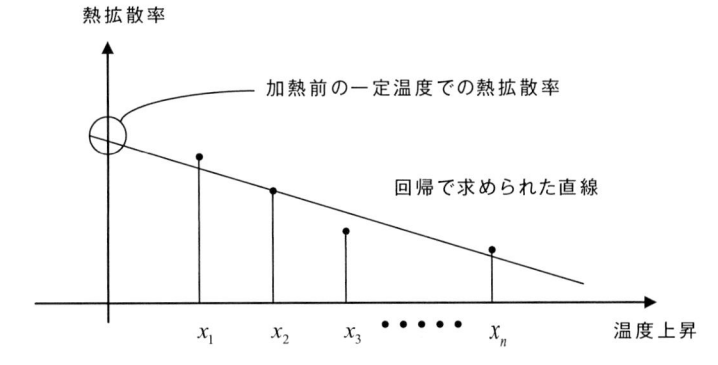

5.5 回帰直線を利用した測定を行った際のばらつきの評価

図47 レーザーフラッシュ法による熱拡散率の測定

表37 温度上昇と熱拡散率の測定例

温度上昇（K）	熱拡散率（m²/s）
2.816	9.674×10^{-5}
2.821	9.812×10^{-5}
2.204	9.576×10^{-5}
2.246	9.733×10^{-5}
1.570	9.759×10^{-5}
1.639	1.014×10^{-4}
0.950	9.811×10^{-5}
0.969	1.006×10^{-4}
0.483	1.009×10^{-4}
0.515	9.864×10^{-5}

となる．ただし母数を知ることはできないので，実際には残差の標本分散を用いて，

$$\hat{\sigma}^2(y_0) = \hat{\sigma}_e^2 \left\{ \frac{1}{n} + \frac{\bar{x}^2}{\sum_{i=1}^{10}(x_i - \bar{x})^2} \right\} \tag{5.73}$$

によって推定する．

では実際に値を代入し求める．測定結果例を表37に示す．このデータを用い，直線回帰を行う．

$$\bar{x} = \frac{2.816 + 2.821 + \cdots + 0.515}{10} = 1.6213 \tag{5.74}$$

$$\bar{y} = \frac{9.674 + 9.812 + \cdots + 9.864}{10} \times 10^{-5} = 9.8519 \times 10^{-5} \tag{5.75}$$

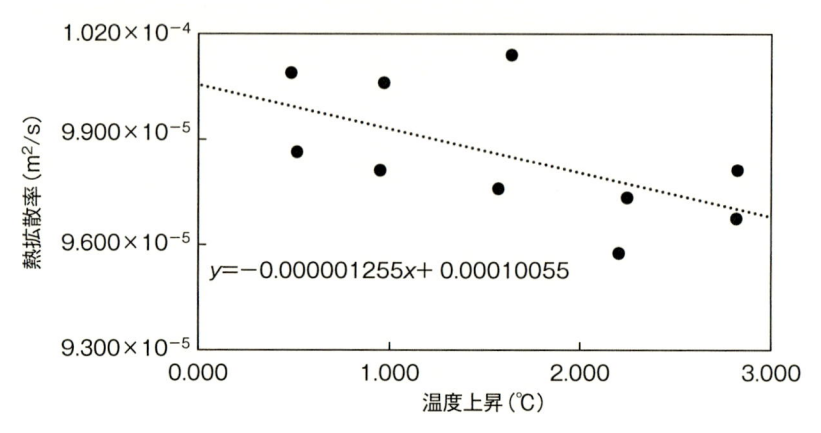

図48 熱拡散率測定の回帰直線

$$\hat{\beta}=\frac{\sum_{i=1}^{10}(x_i-\bar{x})(y_i-\bar{y})}{\sum_{i=1}^{10}(x_i-\bar{x})^2}=-1.255\times10^{-6} \tag{5.76}$$

$$\hat{\alpha}=\bar{y}-\hat{\beta}\bar{x}=1.0055\times10^{-4} \tag{5.77}$$

$$\hat{\sigma}_e=\sqrt{\frac{\sum_{i=1}^{10}\{y_i-(\hat{\alpha}+\hat{\beta}x_i)\}^2}{n-2}}=1.608\times10^{-6} \tag{5.78}$$

これらを,式 (5.73) に代入すると,

$$\hat{\sigma}(y_0)=\hat{\sigma}_e\sqrt{\left\{\frac{1}{n}+\frac{\bar{x}^2}{\sum_{i=1}^{10}(x_i-\bar{x})^2}\right\}}=1.109\times10^{-6} \tag{5.79}$$

となる.つまり試料の加熱前一定温度での熱拡散率は,

$$\hat{\alpha}=1.0055\times10^{-4}\ \mathrm{m^2/s}\approx1.006\times10^{-4}\ \mathrm{m^2/s} \tag{5.80}$$

となり,その推定された熱拡散率の回帰によるばらつきは,

$$\hat{\sigma}(y_0)=1.109\times10^{-6}\ \mathrm{m^2/s}\approx1.1\times10^{-6}\ \mathrm{m^2/s} \tag{5.81}$$

である.これをグラフで表したものを図48に示す.

5.5.4 測定の際にブランクを用いて測定値を推定するとき

5.5.1項で解説した逆推定は,定量分析においてよく行われるが,検量線を求めた後に測定試料のみを測定するもので,試料ブランクは用意しない例であ

った．一方で，前処理といわれる試料分解や抽出プロセスが入ったり，あるいは希釈に特別な溶媒を使用したりするケースなどでは，試料を加えずに前処理だけを行ったブランクや希釈溶媒を測定して，試料ブランクとして値を差し引くということがよく行われる．このような場合のばらつきの評価について見てみよう．

例 14：原子吸光分析による植物試料中のマンガンイオン濃度の測定

本測定においては，植物試料を酸で分解したのちに定容した溶液を測定する．その際に，ブランクとして試料を入れず酸分解のみ行った試料を用意し，測定対象物を作成したときの吸光度からブランクを測定したときの吸光度を引くことによって，吸光度の補正を行うこととする．検量線を作成するために，標準液の濃度と吸光度を求めた．その結果例を表 38 に示す．

この結果より検量線は，

$$\bar{x} = \frac{0 + 4.02 + \cdots + 40.20}{7} = 17.8029 \tag{5.82}$$

$$\bar{y} = \frac{-0.0003 + 0.0305 + \cdots + 0.2911}{7} = 0.1302 \tag{5.83}$$

$$\hat{\beta} = \frac{\sum_{i=1}^{7}(x_i - \bar{x})(y_i - \bar{y})}{\sum_{i=1}^{7}(x_i - \bar{x})^2} = 0.007225 \tag{5.84}$$

$$\hat{\alpha} = \bar{y} - \hat{\beta}\bar{x} = 0.001555 \tag{5.85}$$

$$\hat{\sigma}_e = \sqrt{\frac{\sum_{i=1}^{7}\{y_i - (\hat{\alpha} + \hat{\beta}x_i)\}^2}{n - 2}} = 0.001331 \tag{5.86}$$

表 38　標準液濃度と吸光度の関係例

標準液中の Mn イオン濃度（mg/L）	吸光度
0	-0.0003
4.02	0.0305
8.04	0.0607
16.08	0.1196
24.12	0.1758
32.16	0.2339
40.20	0.2911

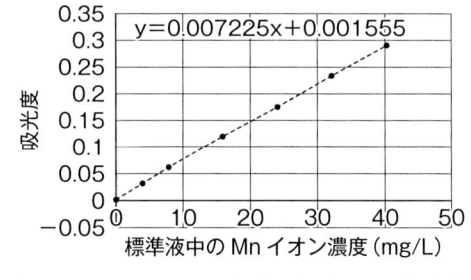

図 49　マンガンイオン濃度測定における回帰直線

となる．図49にマンガンイオン濃度測定の散布図とその回帰直線を示す．ここで，この測定のモデル式を考えてみよう．この方法では，

$$x_\mathrm{m} = \frac{y_\mathrm{m} - y_0}{\hat{\beta}} \quad (5.87)$$

によってマンガンイオン濃度が求められる．ここで x_m は測定対象物に含まれるマンガンイオン濃度，y_m は測定対象物の吸光度，y_0 はブランクの吸光度，を表す．式（5.87）に伝播則を適用すると，

$$\sigma^2(x_\mathrm{m}) = \left(\frac{1}{\hat{\beta}}\right)^2 \sigma^2(y_\mathrm{m}) + \left(\frac{1}{\hat{\beta}}\right)^2 \sigma^2(y_0) + \left(-\frac{y_\mathrm{m}-y_0}{\hat{\beta}^2}\right)^2 \frac{\sigma_\mathrm{e}^2}{\sum_{i=1}^{7}(x_i-\bar{x})^2} \quad (5.88)$$

となる．このとき，

$$\sigma^2(y_\mathrm{m}) = \sigma^2(y_0) = \frac{\sigma_\mathrm{e}^2}{n} \quad (5.89)$$

と考えて差し支えない[35])のであれば，式（5.88）は，

$$\sigma^2(x_\mathrm{m}) = \frac{\sigma_\mathrm{e}^2}{\hat{\beta}^2}\left\{\frac{2}{n} + \frac{(y_\mathrm{m}-y_0)^2}{\hat{\beta}^2 \sum_{i=1}^{7}(x_i-\bar{x})^2}\right\} \quad (5.90)$$

と変形できる．ただし，$\sigma^2(x_\mathrm{m})$ は母数なので，実際に知ることができるのは，推定値である，

$$\hat{\sigma}^2(x_\mathrm{m}) = \frac{\hat{\sigma}_\mathrm{e}^2}{\hat{\beta}^2}\left\{\frac{2}{n} + \frac{(y_\mathrm{m}-y_0)^2}{\hat{\beta}^2 \sum_{i=1}^{7}(x_i-\bar{x})^2}\right\} \quad (5.91)$$

である．ここで，測定対象物，ブランクの吸光度測定を3回繰返し行った結果，測定対象物の吸光度 y_m は 0.1377，ブランクの吸光度が -0.0001 であったとする．これらの数を式（5.91）に代入すると，

$$\hat{\sigma}^2(x_\mathrm{m}) = \frac{\hat{\sigma}_\mathrm{e}^2}{\hat{\beta}^2}\left\{\frac{2}{n} + \frac{(y_\mathrm{m}-y_0)^2}{\hat{\beta}^2 \sum(x_i-\bar{x})^2}\right\} = \frac{0.001331^2}{0.007225^2}\left\{\frac{2}{3} + \frac{(0.1377+0.0001)^2}{0.007225^2 \times 1352.856}\right\}$$

$$= 0.02264$$

よって，

---

[35]) このように考えられるかどうかは，5.5.1項での y_0 のばらつきが σ_e^2 と考えられるかどうかを判断するのと同様に，実際に測定したデータやこれまでの経験から判断すること．また，測定対象物とブランクの測定回数も同じ n 回でなければならない．

$$\hat{\sigma}(x_\mathrm{m}) = 0.1505 \text{ mg/L} \approx 0.15 \text{ mg/L} \tag{5.92}$$

となる．また，そのときの測定結果は，

$$x_\mathrm{m} = \frac{y_\mathrm{m} - y_0}{\hat{\beta}} = \frac{0.1377 - (-0.001)}{0.007225} \tag{5.93}$$
$$= 19.0719 \text{ mg/L} \approx 19.07 \text{ mg/L}$$

である．

コラム7　直線以外への回帰について

　本章では直線回帰の行い方と，直線回帰を用いて得られた推定値のばらつきの評価法について解説したが，直線以外にフィッティングしたい場合もあるだろう．そのような場合について簡単に解説する．
①式変形で直線回帰と同様に考えられる場合
　これは例えば，指数関数にフィッティングしたい場合などが相当する．式をあげると，

$$y = Ae^{Bx} \tag{5.94}$$

にフィッティングしたい場合である．この場合は両辺の対数をとればよい．

$$\log y = \log(Ae^{Bx}) = \log A + \log e^{Bx} = \log A + Bx \tag{5.95}$$

これは，$y = a + bx$ と同じ形である．

　ただし，この方法によってある程度の近似式は求められるが，一般に残差が最小となる回帰式は求められない．あくまでも変数変換を行った後の残差が最小になるだけである．残差がさらに小さくなる回帰式を求めたい場合は，非線形回帰を行う必要がある．特に対数をとる前は残差が正規分布をしていると見なせていても，対数をとった後の残差は正規分布に従っているとはいえないこともあるだろう．よって，この方法を用いて回帰し，その結果を検定する場合には注意が必要である．
②一般線形モデルに回帰したい場合
　一般線形モデルとは，

$$y = a_1 f_1(x) + a_2 f_2(x) + \cdots + a_n f_n(x) \tag{5.96}$$

というように，回帰で求めなければならないパラメータが，$a_1 \sim a_n$ まで n

個あり，それが線形で表されている場合である．一番典型的なものが高次回帰である，

$$y = a_0 + a_1 x + a_2 x^2 + \cdots + a_{n-1} x^{n-1} \tag{5.97}$$

にフィッティングしたい場合である．これは行列を用いて計算する．この方法の理解には大学教養課程の線形代数の知識が必要である．また，回帰を行った結果を用いて推定値を算出した場合の推定値のばらつきを求めるのも行列を用いて行う．つまり，行列の形で表現された伝播則というものがあり，それを用いて行う．

③一般的な関数に回帰したい場合

　これは，②の拡張として行う．つまり，伝播則のようにフィッティングしたい関数を線形近似し，線形近似された関数にフィッティングを行うということである．この方法は，②の方法の理解とともに，その方法を繰返し適用することによって，徐々に求めたい関数に近付けていくという反復計算を行う必要がある．よって数式の理解とともに，コンピュータのプログラミングについてもある程度知識が必要となる．

演習問題

問題1

一次回帰における残差の標本分散，

$$\hat{\sigma}_e^2 = \frac{\sum_{i=1}^{n}\left[y_i - \left\{\hat{\beta}(x_i - \bar{x}) + \bar{y}\right\}\right]^2}{n-2} \tag{5.98}$$

が残差の母分散の不偏推定量であることを示せ．

問題2

5.4節にて，$\hat{\beta}$ と $\bar{y}$ の間には相関が存在しないということを模式的に示したが，$\hat{\beta}$ と $\bar{y}$ の間の母共分散が 0 となることを示し，相関が存在しないことを証明せよ．

問題3

本文では相関を避けるため，$y = \hat{\alpha} + \hat{\beta}x$ を，$y = \hat{\beta}(x - \bar{x}) + \bar{y}$ と変形し逆推定

を行った結果のばらつきを求めたが，変形せず，相関を考慮し，逆推定のばらつきを求め，それが，

$$\sigma_{x_0}^2 = \frac{\sigma_e^2}{\hat{\beta}^2}\left\{\frac{1}{l} + \frac{1}{n} + \frac{(y_0-\bar{y})^2}{\hat{\beta}^2\sum_{i=1}^{n}(x_i-\bar{x})^2}\right\} \qquad (5.99)$$

と一致することを確認せよ．

問題 4

本文 5.5.3 項において，y 切片のばらつきは伝播則を用いて求められ，式 (5.72) として表された．しかし，y 切片はそもそも $\hat{\alpha}$ であり，そのばらつきは式 (5.18) によって表されていたはずである．式 (5.72) と式 (5.18) は同じ式であることを証明せよ．

A. 参 考 資 料

参考 1：式 (5.9)，式 (5.10) の導出について

$$\frac{\partial S_\mathrm{e}}{\partial \hat{\alpha}} = -2\sum_{i=1}^{n}\{y_i-(\hat{\alpha}+\hat{\beta}x_i)\} = 0 \tag{5.7}$$

$$\frac{\partial S_\mathrm{e}}{\partial \hat{\beta}} = -2\sum_{i=1}^{n}x_i\{y_i-(\hat{\alpha}+\hat{\beta}x_i)\} = 0 \tag{5.8}$$

式 (5.7) を変形する．

$$\begin{aligned} -2\sum_{i=1}^{n}\{y_i-(\hat{\alpha}+\hat{\beta}x_i)\} &= 0 \\ \sum_{i=1}^{n}y_i - \sum_{i=1}^{n}\hat{\alpha} - \sum_{i=1}^{n}\hat{\beta}x_i &= 0 \\ \sum_{i=1}^{n}y_i &= n\hat{\alpha} + \hat{\beta}\sum_{i=1}^{n}x_i \end{aligned} \tag{A.1.1}$$

式 (5.8) を変形する．

$$\begin{aligned} -2\sum_{i=1}^{n}x_i\{y_i-(\hat{\alpha}+\hat{\beta}x_i)\} &= 0 \\ \sum_{i=1}^{n}x_iy_i &= \hat{\alpha}\sum_{i=1}^{n}x_i + \hat{\beta}\sum_{i=1}^{n}x_i^2 \end{aligned} \tag{A.1.2}$$

式 (A.1.1) と式 (A.1.2) を連立させ $\hat{\alpha}$ と $\hat{\beta}$ を求めると，

$$\begin{cases} \sum_{i=1}^{n}y_i = n\hat{\alpha} + \hat{\beta}\sum_{i=1}^{n}x_i \\ \sum_{i=1}^{n}x_iy_i = \hat{\alpha}\sum_{i=1}^{n}x_i + \hat{\beta}\sum_{i=1}^{n}x_i^2 \end{cases}$$

$$\begin{cases} \sum_{i=1}^{n}x_i\sum_{i=1}^{n}y_i = n\hat{\alpha}\sum_{i=1}^{n}x_i + \hat{\beta}\left(\sum_{i=1}^{n}x_i\right)^2 \\ n\sum_{i=1}^{n}x_iy_i = n\hat{\alpha}\sum_{i=1}^{n}x_i + n\hat{\beta}\sum_{i=1}^{n}x_i^2 \end{cases}$$

$$n\sum_{i=1}^{n}x_iy_i - \sum_{i=1}^{n}x_i\sum_{i=1}^{n}y_i = n\hat{\beta}\sum_{i=1}^{n}x_i^2 - \hat{\beta}\left(\sum_{i=1}^{n}x_i\right)^2$$

$$\widehat{\beta} = \frac{n\sum_{i=1}^{n} x_i y_i - \sum_{i=1}^{n} x_i \sum_{i=1}^{n} y_i}{n\sum_{i=1}^{n} x_i^2 - \left(\sum_{i=1}^{n} x_i\right)^2} = \frac{\sum_{i=1}^{n} x_i y_i - \sum_{i=1}^{n} x_i \sum_{i=1}^{n} y_i / n}{\sum_{i=1}^{n} x_i^2 - \left(\sum_{i=1}^{n} x_i\right)^2 / n} \quad (A.1.3)$$

ここで，

$$\widehat{\beta} = \frac{\sum_{i=1}^{n} x_i y_i - \sum_{i=1}^{n} x_i \sum_{i=1}^{n} y_i / n}{\sum_{i=1}^{n} x_i^2 - \left(\sum_{i=1}^{n} x_i\right)^2 / n} = \frac{\sum_{i=1}^{n} x_i y_i - n\overline{x}\overline{y}}{\sum_{i=1}^{n} x_i^2 - n\overline{x}^2}$$

$$= \frac{\sum_{i=1}^{n} x_i y_i - n\overline{x}\overline{y} - n\overline{x}\overline{y} + n\overline{x}\overline{y}}{\sum_{i=1}^{n} x_i^2 - 2n\overline{x}^2 + n\overline{x}^2} = \frac{\sum_{i=1}^{n} x_i y_i - \sum_{i=1}^{n} \overline{x} y_i - \sum_{i=1}^{n} x_i \overline{y} + \sum_{i=1}^{n} \overline{x}\overline{y}}{\sum_{i=1}^{n} x_i^2 - 2\overline{x}\sum_{i=1}^{n} x_i + \sum_{i=1}^{n} \overline{x}^2}$$

$$= \frac{\sum_{i=1}^{n} (x_i y_i - \overline{x} y_i - x_i \overline{y} + \overline{x}\overline{y})}{\sum_{i=1}^{n} (x_i^2 - 2\overline{x} x_i + \overline{x}^2)} = \frac{\sum_{i=1}^{n} (x_i - \overline{x})(y_i - \overline{y})}{\sum_{i=1}^{n} (x_i - \overline{x})^2} \quad (A.1.4)$$

また，式 (A.1.1) より，

$$\sum_{i=1}^{n} y_i = n\widehat{\alpha} + \widehat{\beta}\sum_{i=1}^{n} x_i$$

$$n\widehat{\alpha} = \sum_{i=1}^{n} y_i - \widehat{\beta}\sum_{i=1}^{n} x_i$$

$$\widehat{\alpha} = \frac{\sum_{i=1}^{n} y_i}{n} - \widehat{\beta}\frac{\sum_{i=1}^{n} x_i}{n} \quad (A.1.5)$$

$$\widehat{\alpha} = \overline{y} - \widehat{\beta}\overline{x}$$

となる．

参考 2：式 (5.18) の導出について

分散の定義より，

$$\sigma^2(\widehat{\alpha}) = E[\{\widehat{\alpha} - E(\widehat{\alpha})\}^2] = E[(\widehat{\alpha} - \alpha)^2] = E\left[\left[\sum_{i=1}^{n} \varepsilon_i \left\{\frac{1}{n} - \frac{\overline{x}(x_i - \overline{x})}{\sum_{i=1}^{n}(x_i - \overline{x})^2}\right\}\right]^2\right]$$

$$= E\left[\sum_{i=1}^{n}\sum_{j=1}^{n} \varepsilon_i \varepsilon_j \left\{\frac{1}{n} - \frac{\overline{x}(x_i - \overline{x})}{\sum_{i=1}^{n}(x_i - \overline{x})^2}\right\}\left\{\frac{1}{n} - \frac{\overline{x}(x_j - \overline{x})}{\sum_{i=1}^{n}(x_i - \overline{x})^2}\right\}\right]$$

よって，

$$\sigma^2(\hat{\alpha}) = E\left[\frac{1}{n^2}\sum_{i=1}^{n}\sum_{j=1}^{n}\varepsilon_i\varepsilon_j + \bar{x}^2\frac{\sum_{i=1}^{n}\sum_{j=1}^{n}\varepsilon_i\varepsilon_j(x_i-\bar{x})(x_j-\bar{x})}{\left\{\sum_{i=1}^{n}(x_i-\bar{x})^2\right\}^2} - 2\bar{x}\frac{\sum_{i=1}^{n}\sum_{j=1}^{n}\varepsilon_i\varepsilon_j(x_i-\bar{x})}{\sum_{i=1}^{n}(x_i-\bar{x})^2}\right]$$
(A.2.1)

となる.ここで,$\varepsilon_i\varepsilon_j$ について考える.$\varepsilon_i\varepsilon_j$ の期待値は,ε_i は残差を表していることから,ε_i と ε_j は同じ母集団から取られたサンプルであり,また $i \neq j$ のときにはその間には相関がないと考えられる.よって,

$$i = j \text{ のとき, } E(\varepsilon_i\varepsilon_j) = E(\varepsilon_i^2) = \sigma_e^2$$
$$i \neq j \text{ のとき, } E(\varepsilon_i\varepsilon_j) = 0$$

となる.ゆえに,

$$E\left(\frac{1}{n^2}\sum_{i=1}^{n}\sum_{j=1}^{n}\varepsilon_i\varepsilon_j\right) = \frac{1}{n^2}\sum_{i=1}^{n}\sum_{j=1}^{n}E(\varepsilon_i\varepsilon_j) = \frac{1}{n^2}\sum_{i=1}^{n}\sigma_e^2 = \frac{1}{n^2}n\sigma_e^2 = \frac{1}{n}\sigma_e^2 \quad (A.2.2)$$

次に,

$$E\left[\frac{\bar{x}^2}{\left\{\sum_{i=1}^{n}(x_i-\bar{x})^2\right\}^2}\sum_{i=1}^{n}\sum_{j=1}^{n}\varepsilon_i\varepsilon_j(x_i-\bar{x})(x_j-\bar{x})\right]$$

$$= \frac{\bar{x}^2}{\left\{\sum_{i=1}^{n}(x_i-\bar{x})^2\right\}^2}E\left\{\sum_{i=1}^{n}\sum_{j=1}^{n}\varepsilon_i\varepsilon_j(x_i-\bar{x})(x_j-\bar{x})\right\} = \frac{\bar{x}^2}{\left\{\sum_{i=1}^{n}(x_i-\bar{x})^2\right\}^2}E\left\{\sum_{i=1}^{n}\varepsilon_i^2(x_i-\bar{x})^2\right\}$$

$$= \frac{\bar{x}^2}{\left\{\sum_{i=1}^{n}(x_i-\bar{x})^2\right\}^2}\sum_{i=1}^{n}E(\varepsilon_i^2)E\{(x_i-\bar{x})^2\} = \frac{\bar{x}^2\sigma_e^2}{\left\{\sum_{i=1}^{n}(x_i-\bar{x})^2\right\}^2}\sum_{i=1}^{n}(x_i-\bar{x})^2$$

つまり,

$$E\left[\frac{\bar{x}^2}{\left\{\sum_{i=1}^{n}(x_i-\bar{x})^2\right\}^2}\sum_{i=1}^{n}\sum_{j=1}^{n}\varepsilon_i\varepsilon_j(x_i-\bar{x})(x_j-\bar{x})\right] = \frac{\bar{x}^2}{\sum_{i=1}^{n}(x_i-\bar{x})^2}\sigma_e^2 \quad (A.2.3)$$

となる.最後に,

$$E\left\{\frac{2\bar{x}}{\sum_{i=1}^{n}(x_i-\bar{x})^2}\sum_{i=1}^{n}\sum_{j=1}^{n}\varepsilon_i\varepsilon_j(x_i-\bar{x})\right\} = \frac{2\bar{x}}{\sum_{i=1}^{n}(x_i-\bar{x})^2}\sum_{i=1}^{n}\sum_{j=1}^{n}(x_i-\bar{x})E(\varepsilon_i\varepsilon_j)$$

$$= \frac{2\bar{x}\sigma_e^2}{\sum_{i=1}^{n}(x_i-\bar{x})^2}\sum_{i=1}^{n}(x_i-\bar{x})$$

ここで，$\sum_{i=1}^{n}(x_i-\bar{x})=0$ より，

$$E\left\{\frac{2\bar{x}}{\sum_{i=1}^{n}(x_i-\bar{x})^2}\sum_{i=1}^{n}\sum_{j=1}^{n}\varepsilon_i\varepsilon_j(x_i-\bar{x})\right\}=0 \qquad (\text{A}.2.4)$$

となる．ここで求めた (A.2.2), (A.2.3), (A.2.4) 式を (A.2.1) 式に代入すると，

$$\sigma^2(\hat{\alpha})=\frac{1}{n}\sigma_e^2+\frac{\bar{x}^2}{\sum_{i=1}^{n}(x_i-\bar{x})^2}\sigma_e^2 \qquad (\text{A}.2.5)$$

ここで，

$$\sum_{i=1}^{n}(x_i-\bar{x})^2=\sum_{i=1}^{n}x_i^2-2\bar{x}\sum_{i=1}^{n}x_i+n\bar{x}^2=\sum_{i=1}^{n}x_i^2-2n\bar{x}^2+n\bar{x}^2=\sum_{i=1}^{n}x_i^2-n\bar{x}^2$$

より，

$$\bar{x}^2=\frac{\sum_{i=1}^{n}x_i^2-\sum_{i=1}^{n}(x_i-\bar{x})^2}{n} \qquad (\text{A}.2.6)$$

(A.2.6) 式を (A.2.5) 式に代入．

$$\sigma^2(\hat{\alpha})=\frac{1}{n}\sigma_e^2+\frac{\bar{x}^2}{\sum_{i=1}^{n}(x_i-\bar{x})^2}\sigma_e^2=\left\{\frac{1}{n}+\frac{\sum_{i=1}^{n}x_i^2-\sum_{i=1}^{n}(x_i-\bar{x})^2}{n\sum_{i=1}^{n}(x_i-\bar{x})^2}\right\}\sigma_e^2$$

$$\sigma^2(\hat{\alpha})=\frac{\sum_{i=1}^{n}x_i^2}{n\sum_{i=1}^{n}(x_i-\bar{x})^2}\sigma_e^2 \qquad (5.18)$$

となる．

参考3：式 (5.19) の導出について

分散の定義より，

$$\sigma^2(\hat{\beta})=E\left[\{\hat{\beta}-E(\hat{\alpha})\}^2\right]=E\left[(\hat{\beta}-\beta)^2\right]=E\left[\left\{\frac{\sum_{i=1}^{n}\varepsilon_i(x_i-\bar{x})}{\sum_{i=1}^{n}(x_i-\bar{x})^2}\right\}^2\right]$$

$$=\frac{1}{\left\{\sum_{i=1}^{n}(x_i-\bar{x})^2\right\}^2}E\left\{\sum_{i=1}^{n}\sum_{j=1}^{n}\varepsilon_i\varepsilon_j(x_i-\bar{x})(x_j-\bar{x})\right\}$$

$\sigma^2(\hat{\alpha})$ の場合と同様に,

$$\sigma^2(\hat{\beta}) = \frac{1}{\left\{\sum_{i=1}^{n}(x_i-\bar{x})^2\right\}^2} E\left\{\sum_{i=1}^{n}\varepsilon_i^2(x_i-\bar{x})^2\right\} = \frac{\sigma_\mathrm{e}^2 \sum_{i=1}^{n}(x_i-\bar{x})^2}{\left\{\sum_{i=1}^{n}(x_i-\bar{x})^2\right\}^2}$$

$$\sigma^2(\hat{\beta}) = \frac{\sigma_\mathrm{e}^2}{\sum_{i=1}^{n}(x_i-\bar{x})^2} \tag{5.19}$$

となる.

参考 4:式 (5.21) の導出について

共分散の定義より,

$$\sigma(\hat{\alpha}, \hat{\beta}) = E\left[\{\hat{\alpha} - E(\hat{\alpha})\}\{\hat{\beta} - E(\hat{\beta})\}\right] = E\{(\hat{\alpha} - \alpha)(\hat{\beta} - \beta)\}$$

$$= E\left[\left\{\sum_{i=1}^{n}\varepsilon_i\left\{\frac{1}{n} - \frac{\bar{x}(x_i-\bar{x})}{\sum_{i=1}^{n}(x_i-\bar{x})^2}\right\}\right\}\left\{\frac{\sum_{i=1}^{n}\varepsilon_i(x_i-\bar{x})}{\sum_{i=1}^{n}(x_i-\bar{x})^2}\right\}\right]$$

$$= E\left[\left\{\frac{1}{n}\sum_{i=1}^{n}\varepsilon_i - \frac{\bar{x}}{\sum_{i=1}^{n}(x_i-\bar{x})^2}\sum_{i=1}^{n}\varepsilon_i(x_i-\bar{x})\right\}\left\{\frac{1}{\sum_{i=1}^{n}(x_i-\bar{x})^2}\sum_{i=1}^{n}\varepsilon_i(x_i-\bar{x})\right\}\right]$$

$$= E\left[\frac{1}{n\sum_{i=1}^{n}(x_i-\bar{x})^2}\sum_{i=1}^{n}\varepsilon_i\sum_{i=1}^{n}\varepsilon_i(x_i-\bar{x}) - \frac{\bar{x}}{\left\{\sum_{i=1}^{n}(x_i-\bar{x})^2\right\}^2}\left\{\sum_{i=1}^{n}\varepsilon_i(x_i-\bar{x})\right\}^2\right]$$

ここで,

$$E\left[\sum_{i=1}^{n}\varepsilon_i(x_i-\bar{x})\right] = \sum_{i=1}^{n}E(\varepsilon_i)E(x_i-\bar{x}) = 0 \tag{A.4.1}$$

より,

$$\sigma(\hat{\alpha}, \hat{\beta}) = E\left[-\frac{\bar{x}}{\left\{\sum_{i=1}^{n}(x_i-\bar{x})^2\right\}^2}\left\{\sum_{i=1}^{n}\varepsilon_i(x_i-\bar{x})\right\}^2\right]$$

$$= E\left[-\frac{\bar{x}}{\left\{\sum_{i=1}^{n}(x_i-\bar{x})^2\right\}^2}\sum_{i=1}^{n}\sum_{j=1}^{n}\varepsilon_i\varepsilon_j(x_i-\bar{x})(x_j-\bar{x})\right]$$

$$= E\left[-\frac{\bar{x}}{\left\{\sum_{i=1}^{n}(x_i-\bar{x})^2\right\}^2}\sum_{i=1}^{n}\varepsilon_i^2(x_i-\bar{x})^2\right]$$

$$= -\frac{\overline{x}\sigma_{\mathrm{e}}^2}{\left\{\sum_{i=1}^{n}(x_i-\overline{x})^2\right\}^2}\sum_{i=1}^{n}(x_i-\overline{x})^2 = -\frac{\overline{x}}{\sum_{i=1}^{n}(x_i-\overline{x})^2}\sigma_{\mathrm{e}}^2$$

$$\sigma(\widehat{\alpha},\widehat{\beta}) = -\frac{\sum_{i=1}^{n}x_i}{n\sum_{i=1}^{n}(x_i-\overline{x})^2}\sigma_{\mathrm{e}}^2 \tag{5.21}$$

となる.

参考5:式(5.27)の導出について

伝播則の式より,

$$\sigma^2(y_0) = \frac{\sum_{i=1}^{n}x_i^2}{n\sum_{i=1}^{n}(x_i-\overline{x})^2}\sigma_{\mathrm{e}}^2 + x_0^2\frac{\sigma_{\mathrm{e}}^2}{\sum_{i=1}^{n}(x_i-\overline{x})^2} + 2x_0^2\left\{-\frac{\sum_{i=1}^{n}x_i}{n\sum_{i=1}^{n}(x_i-\overline{x})^2}\sigma_{\mathrm{e}}^2\right\}$$

$$= \frac{\sigma_{\mathrm{e}}^2}{\sum_{i=1}^{n}(x_i-\overline{x})^2}\left(\frac{\sum_{i=1}^{n}x_i^2}{n} + x_0^2 - 2x_0\overline{x}\right) \tag{A.5.1}$$

ここで,式(A.2.6)を変形する.

$$\frac{\sum_{i=1}^{n}x_i^2}{n} = \frac{\sum_{i=1}^{n}(x_i-\overline{x})^2}{n} + \overline{x}^2 \tag{A.5.2}$$

式(A.5.2)を式(A.5.1)に代入

$$\sigma^2(y_0) = \frac{\sigma_{\mathrm{e}}^2}{\sum_{i=1}^{n}(x_i-\overline{x})^2}\left\{\frac{\sum_{i=1}^{n}(x_i-\overline{x})^2}{n} + \overline{x}^2 + x_0^2 - 2x_0\overline{x}\right\}$$

$$= \frac{\sigma_{\mathrm{e}}^2}{\sum_{i=1}^{n}(x_i-\overline{x})^2}\left\{\frac{\sum_{i=1}^{n}(x_i-\overline{x})^2}{n} + (x_0-\overline{x})^2\right\} = \left\{\frac{1}{n} + \frac{(x_0-\overline{x})^2}{\sum_{i=1}^{n}(x_i-\overline{x})^2}\right\}\sigma_{\mathrm{e}}^2 \tag{5.27}$$

となる.

B. 演習問題解答

2章

問題 1

サイコロの出目とその和を表にすると,

表 39 サイコロの目の一覧

		1から4の目のサイコロ			
		1	2	3	4
1から6の目のサイコロ	1	2	3	4	5
	2	3	4	5	6
	3	4	5	6	7
	4	5	6	7	8
	5	6	7	8	9
	6	7	8	9	10

よって度数分布表は,

表 40 サイコロの目の度数分布表

目の和	2	3	4	5	6	7	8	9	10
度数	1	2	3	4	4	4	3	2	1
確率	0.042	0.083	0.125	0.167	0.167	0.167	0.125	0.083	0.042

これを図示すると,

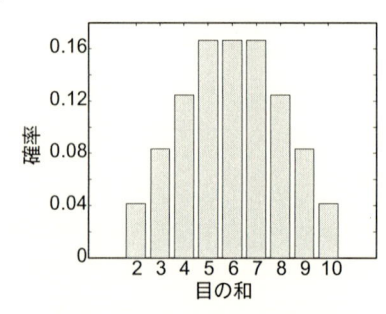

図 50 サイコロの目の確率分布

このように，台形のような形になる．これは連続分布でもいえることで，分布の幅が異なる矩形分布を合成すると台形分布となる．

問題 2

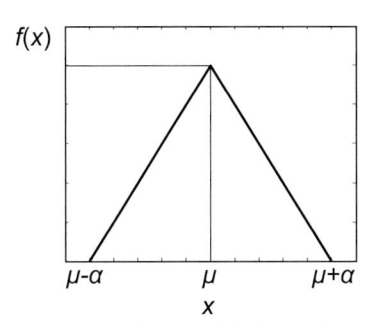

図 51 三角分布の確率密度関数

1) 確率密度関数を $-\infty$ から ∞ まで積分すれば必ず1となる．つまり，この三角形の面積は1となるはずなので，

$$\frac{1}{2} \cdot 2\alpha \cdot f(\mu) = 1 \tag{B.2.1}$$

が成立する．よって，

$$f(\mu) = \frac{1}{\alpha} \tag{B.2.2}$$

である．

2) まず確率密度関数を求める．三角分布の確率密度関数は4領域に分けられる．

$x < \mu - \alpha$ のとき，$f(x) = 0$

$\mu - \alpha \leq x < \mu$ のとき，$(\mu - \alpha, 0)$，$(\mu, 1/\alpha)$ を通る直線なので，

$f(x) = x/\alpha^2 - (\mu - \alpha)/\alpha^2$

$\mu \leq x < \mu + \alpha$ のとき，$(\mu + \alpha, 0)$，$(\mu, 1/\alpha)$ を通る直線なので，

$f(x) = -x/\alpha^2 + (\mu + \alpha)/\alpha^2$

$\mu + \alpha \leq x$ のとき，$f(x) = 0$

である．よって期待値は，

$$E(x)=\int_{-\infty}^{\infty}xf(x)dx=\int_{\mu-\alpha}^{\mu}x\left(\frac{1}{\alpha^2}x-\frac{\mu-\alpha}{\alpha^2}\right)dx+\int_{\mu}^{\mu+\alpha}x\left(-\frac{1}{\alpha^2}x+\frac{\mu+\alpha}{\alpha^2}\right)dx$$

$$=\int_{\mu-\alpha}^{\mu}\left(\frac{1}{\alpha^2}x^2-\frac{\mu-\alpha}{\alpha^2}x\right)dx+\int_{\mu}^{\mu+\alpha}\left(-\frac{1}{\alpha^2}x^2+\frac{\mu+\alpha}{\alpha^2}x\right)dx$$

$$=\left[\frac{1}{3\alpha^2}x^3-\frac{\mu-\alpha}{2\alpha^2}x^2\right]_{\mu-\alpha}^{\mu}+\left[-\frac{1}{3\alpha^2}x^3+\frac{\mu+\alpha}{2\alpha^2}x^2\right]_{\mu}^{\mu+\alpha}$$

$$=-\frac{\mu^3-3\mu^2\alpha}{6\alpha^2}+\frac{(\mu-\alpha)^3}{6\alpha^2}+\frac{(\mu+\alpha)^3}{6\alpha^2}-\frac{\mu^3+3\mu^2\alpha}{6\alpha^2}$$

$$=-\frac{\mu^3-3\mu^2\alpha}{6\alpha^2}+\frac{2\mu^3+6\mu\alpha^2}{6\alpha^2}-\frac{\mu^3+3\mu^2\alpha}{6\alpha^2}=\frac{6\mu\alpha^2}{6\alpha^2}=\mu \qquad (\mathrm{B.2.3})$$

となる．また分散は期待値と同様に計算できるが，そのまま計算すると非常に煩雑になるため，式（2.34）を利用し，母平均が0であるときの分散を考える．母平均が0となっても分布が平行移動するだけなので分散は変化しない．このとき確率密度関数は，

$x<-\alpha$ のとき，$f(x)=0$

$-\alpha\leq x<0$ のとき，$(-\alpha,0)$, $(0,1/\alpha)$ を通る直線なので，$f(x)=x/\alpha^2+1/\alpha$

$0\leq x<\alpha$ のとき，$(\alpha,0)$, $(0,1/\alpha)$ を通る直線なので，$f(x)=-x/\alpha^2+1/\alpha$

$\alpha\leq x$ のとき，$f(x)=0$

である．よって分散は，

$$V(x)=\int_{-\infty}^{\infty}(x-\mu)^2f(x)dx=\int_{-\alpha}^{0}x^2\left(\frac{1}{\alpha^2}x-\frac{1}{\alpha}\right)dx+\int_{0}^{\alpha}x^2\left(-\frac{1}{\alpha^2}x+\frac{1}{\alpha}\right)dx$$

$$=\int_{-\alpha}^{0}\left(\frac{1}{\alpha^2}x^3-\frac{1}{\alpha}x^2\right)dx+\int_{0}^{\alpha}\left(-\frac{1}{\alpha^2}x^3+\frac{1}{\alpha}x^2\right)dx$$

$$=\left[\frac{1}{4\alpha^2}x^4-\frac{1}{3\alpha}x^3\right]_{-\alpha}^{0}+\left[-\frac{1}{4\alpha^2}x^4+\frac{1}{3\alpha}x^3\right]_{0}^{\alpha}$$

$$=\left(-\frac{\alpha^2}{4}+\frac{\alpha^2}{3}\right)+\left(-\frac{\alpha^2}{4}+\frac{\alpha^2}{3}\right)=\left(\frac{2}{3}-\frac{1}{2}\right)\alpha^2=\frac{\alpha^2}{6} \qquad (\mathrm{B.2.4})$$

となる．

3) $0\leq x\leq\mu+\alpha/2$ 内に含まれる確率は，図52に示す斜線部の面積に等しい．
図52の斜線部の面積は確率密度関数を用いて表すと，

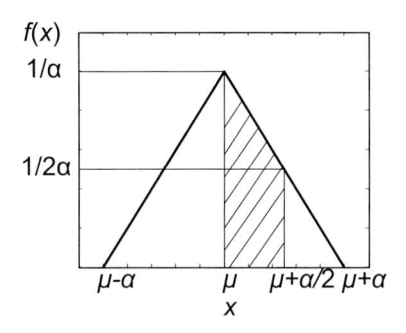

図52 三角分布のPDFから確率を求める

$$\int_{-\infty}^{\mu+\frac{\alpha}{2}} f(x)dx - \int_{-\infty}^{\mu} f(x)dx \quad (B.2.5)$$

となるが，実際には積分計算をする必要はなく，台形の面積の算出式を用いればよい．

$$\int_{-\infty}^{\mu+\frac{\alpha}{2}} f(x)dx - \int_{-\infty}^{\mu} f(x)dx = \frac{1}{2} \cdot \frac{\alpha}{2} \left(\frac{1}{\alpha} + \frac{1}{2\alpha} \right) = \frac{3}{8} = 0.375 \quad (B.2.6)$$

よって，37.5%となる．

問題 3

母平均の推定値として，測定データも標本平均もどちらも不偏推定量であることは間違いない．異なるのはその値のばらつきの大きさである．測定データそのものの母分散を σ^2 としたとき，標本平均の母分散は，σ^2/n となる．n は繰り返し回数である．つまり標本平均の方がばらつきが小さい．よって推定値として用いやすいのである．この推定値として標本平均の方が測定データより分散が小さいことを，「標本平均の方が測定データより**有効**である」という．不偏推定量の中で最も有効な推定量のことを**有効推定量**という．標本平均は母平均の有効推定量である．また，メジアンも母平均の不偏推定量であるが，標本平均より分散が大きく有効推定量ではない．よって通常は母平均の推定値としてメジアンは用いられず，標本平均を用いる．

ちなみに，メジアン $\tilde{x}$ の母標準偏差は，測定値が正規母集団からのサンプリングであったとすると，

$$\sigma(\tilde{x}) = m\sigma(\bar{x}) \quad (B.2.7)$$

表41 m の値

n	2	3	4	5	6	7	8	9
m	1.000	1.160	1.092	1.197	1.135	1.214	1.160	1.223

ここで，m は表41に示す値である．

これを見ると，測定回数 $n=2$ のときには標本平均の母標準偏差と等しい（2点の場合は標本平均もメジアンも算出法が同じなので当然である）が，それ以外は若干メジアンの母標準偏差の方が大きい．

問題4

示された分散の期待値を求める．

$$E\{s^2(x)\}=E\left\{\frac{\sum_{i=1}^{n}(x_i-\mu)^2}{n}\right\}=\frac{1}{n}\sum_{i=1}^{n}E\{(x_i-\mu)^2\} \quad\text{(B.2.8)}$$
$$=\frac{1}{n}\sum_{i=1}^{n}\{E(x_i^2)-\mu^2\}$$

ここで，式（2.52）より，

$$E\{s^2(x)\}=\frac{1}{n}\sum_{i=1}^{n}\{E(x_i^2)-\mu^2\}=\frac{1}{n}\sum_{i=1}^{n}\{\sigma^2+\mu^2-\mu^2\} \quad\text{(B.2.9)}$$
$$=\frac{1}{n}\cdot n\sigma^2=\sigma^2$$

となる．よって，標本平均の代わりに母平均を用いた分散は，2乗和を自由度で割るのではなくデータの個数で割れば不偏推定量となる．つまり，母平均がわかっているときには $n-1$ で割るのではなく，データの個数 n で割って分散を算出しなければならない．

問題5

x と y との間の相関係数は，

$$r=\frac{\sum_{i=1}^{5}(x_i-\bar{x})(y_i-\bar{y})}{\sqrt{\sum_{i=1}^{5}(x_i-\bar{x})^2\sum_{i=1}^{5}(y_i-\bar{y})^2}}$$
$$=\frac{\{-5-(-1)\}(34-18)+\cdots+\{3-(-1)\}(34-18)}{\sqrt{[\{-5-(-1)\}^2+\cdots+\{3-(-1)\}^2]\{(34-18)^2+\cdots+(34-18)^2\}}} \quad\text{(B.2.10)}$$
$$=\frac{-4\cdot16-2\cdot(-8)+0\cdot(-16)+2\cdot(-8)+4\cdot16}{\sqrt{(16+4+0+4+16)(256+64+256+64+256)}}=0$$

よって相関係数は 0 となる．次に $(x+1)^2$ と y との間の相関係数は，

$$r = \left[\sum_{i=1}^{5}\left\{(x_i+1)^2 - \frac{\sum_{i=1}^{5}(x_i+1)^2}{5}\right\}(y_i-\bar{y})\right] \bigg/ \sqrt{\sum_{i=1}^{5}\left\{(x_i+1)^2 - \frac{\sum_{i=1}^{5}(x_i+1)^2}{5}\right\}^2 \sum_{i=1}^{5}(y_i-\bar{y})^2}$$

$$= \frac{(16-8)(34-18) + \cdots + (16-8)(34-18)}{\sqrt{\{(16-8)^2 + \cdots + (16-8)^2\}\{(34-18)^2 + \cdots + (34-18)^2\}}}$$

$$= \frac{8 \cdot 16 + (-4) \cdot (-8) + (-8) \cdot (-16) + (-4) \cdot (-8) + 8 \cdot 16}{\sqrt{(64+16+64+16+64)(256+64+256+64+256)}}$$

$$= \frac{448}{\sqrt{224 \cdot 896}} = \frac{448}{\sqrt{448 \cdot 448}} = 1 \tag{B.2.11}$$

となり，こちらの方は相関係数が 1 となる．この散布図を図示してみよう．

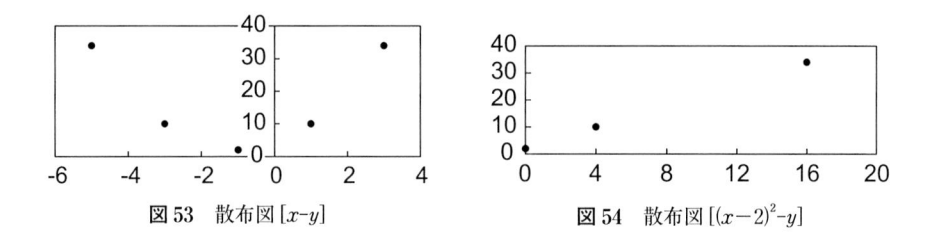

図 53　散布図 $[x\text{-}y]$　　　　図 54　散布図 $[(x-2)^2\text{-}y]$

これを見てわかるように，単に $x\text{-}y$ の散布図，つまり，二次関数の関係にある入力量と出力量の間の相関係数は 0 となってしまうが，適切な変数変換，この場合であれば，$y=2(x+1)^2+2$ と変形し，入力量の値を $(x+1)^2$ から求めれば，入力と出力の関係を線形化することができる．そうすると相関係数は 1 となり，2 次関数の関係がどの程度あるか，ということが相関係数から求めることができる．ただし，最も難しいのは，入力量と出力量の関係式を求めることであり，この関係式は通常最小二乗法を用いて求められるが，その方法は，5 章のコラムにも書いたように線形代数の知識が必要となる．

3 章

問題 1

1 章で述べたように，測定を行うためには定義が重要である．その測定をしたいと考えている量を定義し，その定義によって実現される値に対して測定を

行うが，この定義を完全に実現することは不可能である．

例えば，サイコロを考えよう．サイコロは非常に単純な記述によって定義できる．1から6までの面を持ち，それぞれの面の出る確率は1/6である，というものである．この定義に従いサイコロを作成し，サイコロを振ることによって値を得る，つまり測定を行い，その母平均の推定値を求めるとしよう．その場合，母平均の区間推定はサイコロを振る回数を多くすればするほど，推定される区間は狭くなる．そして，サイコロを振る回数が非常に大きくなればその母平均はほぼ3.5となるかを考えると，それは多分そうならない．なぜなら，サイコロの定義を完全に満たすサイコロは人間の力では作成できないからである．つまり，各面が1/6の確率で出るサイコロを考えると，各面の大きさはすべて等しく，向かい合う面は完全に平行であり，隣り合う面は完全に直角でなければならない．これは人間の力では絶対に作ることができない理想的なサイコロである．よって我々が使うことができるサイコロは各面が出る確率は1/6に近いのは間違いないであろうが，完全に1/6とはなっていないはずで，出やすい面，出にくい面が必ず存在する．そうすると，我々が使用するサイコロの目の母平均は3.5ちょうどには絶対にならない．

この定義により決定する値のことを通常「真の値」と呼ぶ．真の値と母平均は異なる値である．そして我々が知りたい値は母平均でなく，本当は真の値なのである．つまり，測定回数を大幅に増やすことによって，母平均の推定精度を上げたところで，測定を行っている対象が，定義に完全にのっとったものではなく，その定義に近い対象に対する測定しか行えないのである．よって，むやみに測定回数を増やし，母平均の推定精度をものすごく上げたところで，その母平均は定義に完全にのっとったものではないので，推定された区間内に母平均が存在していることはもちろん期待できるが，そこに真の値が含まれているかどうかはわからない．例えば，サイコロの例だと，繰返し回数をあまりに多くして推定した結果，母平均の区間推定結果が $[3.5001, 3.5003]$ などとなってしまい，区間内に3.5が入っていないかもしれない．

しかし，詳細な定義と，入念に練られた実験計画と，よく管理された測定によって得られた値は，通常必要な精度で母平均と真の値が一致していることは期待できるだろう．サイコロの例では，$[3.5001, 3.5003]$ までの精度は本当

に必要だったのか，ということを考え，繰返し回数がもっと少なくても，[3.49, 3.51] くらいの区間推定が行えていれば，精度的に十分だったかもしれない．これであれば，推定された区間内に真の値 3.5 は含まれる．

よって測定に関する知識から，必要な精度がどのくらいであるか，定義がどのくらい厳密であれば，その必要な精度を満たすことができるのかを決定しておかなければいけない．またそれによって，繰返し回数も自ずと決定するだろう．

問題 2

1) 標本平均は分布に関係なく計算できるので，正規分布の仮定は必要ない．
2) 標本分散も分布に関係なく計算できるので，正規分布の仮定は必要ない．
3) 式 $s^2(\bar{x}) = s^2(x)/n$ も，正規分布の性質を用いて算出したものではないので，正規分布の仮定は必要ない．
4) これは，測定値が $N\{\hat{\mu}, \hat{\sigma}^2(x)\}$ に従っているという前提が必要なので，正規分布の仮定が必要．
5) これは，標本平均が $N\{\mu, \hat{\sigma}^2(x)/n\}$ に従っているという前提が必要であるが，問題文に「標本平均，標本分散は十分な繰返し回数によって得られた複数の測定値から求められたものである」とある．これは中心極限定理が働き，標本平均は正規分布に従っているとしても問題はない，ということを示している．よって測定値自身が正規分布に従う必要はない．

4 章

問題 1

$$s_1^2(x) = \frac{\sum_{i=1}^{m}(\bar{x}_i - \bar{\bar{x}})^2}{m-1} \tag{B.4.1}$$

に，次の 2 式，

$$\bar{x}_i = \mu + \alpha_i + \bar{\varepsilon}_i \tag{B.4.2}$$

$$\bar{\bar{x}} = \mu + \bar{\alpha} + \bar{\bar{\varepsilon}} \tag{B.4.3}$$

を代入する．

$$s_1^2(x) = \frac{\sum_{i=1}^{m}(\bar{x}_i - \bar{\bar{x}})^2}{m-1} = \frac{\sum_{i=1}^{m}\{\mu + \alpha_i + \bar{\varepsilon}_i - (\mu + \bar{\alpha} + \bar{\bar{\varepsilon}})\}^2}{m-1}$$

$$= \frac{\sum_{i=1}^{m}\{(\alpha_i - \bar{\alpha}) + (\bar{\varepsilon}_i - \bar{\bar{\varepsilon}})\}^2}{m-1} \quad (\text{B.4.4})$$

$$= \frac{\sum_{i=1}^{m}(\alpha_i - \bar{\alpha})^2}{m-1} + \frac{\sum_{i=1}^{m}(\bar{\varepsilon}_i - \bar{\bar{\varepsilon}})^2}{m-1} + \frac{2\sum_{i=1}^{m}(\alpha_i - \bar{\alpha})(\bar{\varepsilon}_i - \bar{\bar{\varepsilon}})}{m-1}$$

両辺の期待値をとると,

$$E\{s_1^2(x)\} = E\left\{\frac{\sum_{i=1}^{m}(\alpha_i - \bar{\alpha})^2}{m-1}\right\} + E\left\{\frac{\sum_{i=1}^{m}(\bar{\varepsilon}_i - \bar{\bar{\varepsilon}})^2}{m-1}\right\} + 2E\left\{\frac{\sum_{i=1}^{m}(\alpha_i - \bar{\alpha})(\bar{\varepsilon}_i - \bar{\bar{\varepsilon}})}{m-1}\right\} \quad (\text{B.4.5})$$

ここで,

$$E\left\{\frac{\sum_{i=1}^{m}(\alpha_i - \bar{\alpha})^2}{m-1}\right\} = \sigma_A^2 \quad (\text{B.4.6})$$

$$E\left\{\frac{\sum_{i=1}^{m}(\bar{\varepsilon}_i - \bar{\bar{\varepsilon}})^2}{m-1}\right\} = \frac{\sigma_e^2}{n} \quad (\text{B.4.7})$$

$$E\left\{\frac{\sum_{i=1}^{m}(\alpha_i - \bar{\alpha})(\bar{\varepsilon}_i - \bar{\bar{\varepsilon}})}{m-1}\right\} = 0 \quad (\text{B.4.8})$$

となる.なぜなら,式(B.4.6)の中括弧内は α の標本分散そのものであるので,その期待値はもちろん σ_A^2 であり,式(B.4.7)の中括弧内は $\bar{\varepsilon}$ の標本分散,つまり,n 個の ε から求められる標本平均の標本分散を表している.よってその期待値は,n 個の ε の標本平均の母分散となる.また,式(B.4.8)は α と ε の間に相関が存在しないので,0 となる.よって,

$$E\{s_1^2(x)\} = \sigma_A^2 + \frac{\sigma_e^2}{n} \quad (\text{B.4.9})$$

となる.

つまり,因子 A の標本平均をそれぞれ求め,その標本平均の標本標準偏差を求めると,因子 A の分散の推定値が求められるわけではなく,そこには繰返しの分散が含まれる.よって,因子 A のばらつきを求めたいときにはこの

ような方法ではなく，分散分析を用いなければならない．

問題 2

この測定において，ある測定装置によって1回測定したときのデータの誤差構造は，

$$x_{ij}=\mu+\alpha_i+\varepsilon_{ij} \tag{B.4.10}$$

となる．ここで，x_{ij} は測定値，μ は母平均，α_i は装置 i を用いることによって引き起こされる誤差，ε_{ij} は装置 i を用いたときの j 回目の繰返しの誤差を表す．

実際の測定においては，ある測定装置1台が選ばれ，それによって，5回の繰返し測定が行われるので，実際の測定結果 $\bar{x}_0$ の誤差構造は，

$$\bar{x}_0=\frac{\sum_{j=1}^{5} x_{ij}}{5}=\frac{\sum_{j=1}^{5}(\mu+\alpha_i+\varepsilon_{ij})}{5}=\mu+\alpha_i+\frac{\sum_{j=1}^{5}\varepsilon_{ij}}{5} \tag{B.4.11}$$

である．式 (B.4.11) の両辺の分散をとると，

$$\begin{aligned}
V(\bar{x}_0) &= V\left(\mu+\alpha_i+\frac{\sum_{j=1}^{5}\varepsilon_{ij}}{5}\right) \\
&= V(\mu)+V(\alpha_i)+V\left(\frac{\sum_{j=1}^{5}\varepsilon_{ij}}{5}\right) \\
&= 0+V(\alpha_i)+\frac{V(\varepsilon_{ij})}{5}=\sigma_A^2+\frac{\sigma_e^2}{5}
\end{aligned} \tag{B.4.12}$$

ただし，σ は母数なので，$\bar{x}_0$ の推定標準偏差は，

$$\hat{\sigma}(\bar{x}_0)=\sqrt{\hat{\sigma}_A^2+\frac{\hat{\sigma}_e^2}{5}}=\sqrt{0.259^2+\frac{0.158^2}{5}}=0.268 \tag{B.4.13}$$

となる．つまり $\bar{x}_0$ の推定標準偏差の算出には，分散分析を行ったときの測定装置の台数 10 と，それぞれの測定装置で繰返しを行った回数 10 は含まれない．実際の試験で行われている測定の回数が重要である．

5 章

問題 1

式 (5.98) に式 (5.2)，式 (5.16)，式 (5.17) を代入する．

$$\hat{\sigma}_e^2 = \frac{\sum\limits_{i=1}^{n}\{y_i-(\hat{\alpha}+\hat{\beta}x_i)\}^2}{n-2}$$

$$= \frac{1}{n-2}\sum_{i=1}^{n}\left[\alpha+\beta x_i+\varepsilon_i-\left[\alpha+\sum_{i=1}^{n}\left\{\frac{\varepsilon_i}{n}-\frac{\varepsilon_i\overline{x}(x_i-\overline{x})}{\sum\limits_{i=1}^{n}(x_i-\overline{x})^2}\right\}+\left\{\beta+\frac{\sum\limits_{i=1}^{n}\varepsilon_i(x_i-\overline{x})}{\sum\limits_{i=1}^{n}(x_i-\overline{x})^2}\right\}x_i\right]\right]^2$$

$$= \frac{1}{n-2}\sum_{i=1}^{n}\left[\varepsilon_i-\sum_{i=1}^{n}\left\{\frac{\varepsilon_i}{n}-\frac{\varepsilon_i\overline{x}(x_i-\overline{x})}{\sum\limits_{i=1}^{n}(x_i-\overline{x})^2}\right\}+\frac{\sum\limits_{i=1}^{n}\varepsilon_i(x_i-\overline{x})}{\sum\limits_{i=1}^{n}(x_i-\overline{x})^2}x_i\right]^2$$

$$= \frac{1}{n-2}\sum_{i=1}^{n}\left\{\varepsilon_i-\frac{\sum\limits_{i=1}^{n}\varepsilon_i}{n}+\frac{\overline{x}\sum\limits_{i=1}^{n}\varepsilon_i(x_i-\overline{x})}{\sum\limits_{i=1}^{n}(x_i-\overline{x})^2}-\frac{x_i\sum\limits_{i=1}^{n}\varepsilon_i(x_i-\overline{x})}{\sum\limits_{i=1}^{n}(x_i-\overline{x})^2}\right\}^2$$

$$= \frac{1}{n-2}\sum_{i=1}^{n}\left\{(\varepsilon_i-\overline{\varepsilon})-\frac{\sum\limits_{i=1}^{n}\varepsilon_i(x_i-\overline{x})}{\sum\limits_{i=1}^{n}(x_i-\overline{x})^2}(x_i-\overline{x})\right\}^2$$

$$= \frac{1}{n-2}\sum_{i=1}^{n}\left[(\varepsilon_i-\overline{\varepsilon})^2+\left\{\frac{\sum\limits_{i=1}^{n}\varepsilon_i(x_i-\overline{x})}{\sum\limits_{i=1}^{n}(x_i-\overline{x})^2}\right\}^2(x_i-\overline{x})^2-2\left\{\frac{\sum\limits_{i=1}^{n}\varepsilon_i(x_i-\overline{x})}{\sum\limits_{i=1}^{n}(x_i-\overline{x})^2}\right\}(\varepsilon_i-\overline{\varepsilon})(x_i-\overline{x})\right]$$

$$= \frac{1}{n-2}\left[\sum_{i=1}^{n}(\varepsilon_i-\overline{\varepsilon})^2+\left\{\frac{\sum\limits_{i=1}^{n}\varepsilon_i(x_i-\overline{x})}{\sum\limits_{i=1}^{n}(x_i-\overline{x})^2}\right\}^2\sum_{i=1}^{n}(x_i-\overline{x})^2\right.$$

$$\left.-2\left\{\frac{\sum\limits_{i=1}^{n}\varepsilon_i(x_i-\overline{x})}{\sum\limits_{i=1}^{n}(x_i-\overline{x})^2}\right\}\sum_{i=1}^{n}(\varepsilon_i-\overline{\varepsilon})(x_i-\overline{x})\right]$$

$$= \frac{1}{n-2}\left[\sum_{i=1}^{n}(\varepsilon_i-\overline{\varepsilon})^2+\frac{\left\{\sum\limits_{i=1}^{n}\varepsilon_i(x_i-\overline{x})\right\}^2}{\sum\limits_{i=1}^{n}(x_i-\overline{x})^2}\right.$$

$$\left.-2\left\{\frac{\sum\limits_{i=1}^{n}\varepsilon_i(x_i-\overline{x})}{\sum\limits_{i=1}^{n}(x_i-\overline{x})^2}\right\}\left\{\sum_{i=1}^{n}\varepsilon_i(x_i-\overline{x})-\overline{\varepsilon}\sum_{i=1}^{n}(x_i-\overline{x})\right\}\right]$$

$$= \frac{1}{n-2} \left[\sum_{i=1}^{n} (\varepsilon_i - \bar{\varepsilon})^2 + \frac{\left\{ \sum_{i=1}^{n} \varepsilon_i (x_i - \bar{x}) \right\}^2}{\sum_{i=1}^{n} (x_i - \bar{x})^2} - 2 \left\{ \frac{\sum_{i=1}^{n} \varepsilon_i (x_i - \bar{x})}{\sum_{i=1}^{n} (x_i - \bar{x})^2} \right\} \sum_{i=1}^{n} \varepsilon_i (x_i - \bar{x}) \right]$$

$$= \frac{1}{n-2} \left[\sum_{i=1}^{n} (\varepsilon_i - \bar{\varepsilon})^2 + \frac{\left\{ \sum_{i=1}^{n} \varepsilon_i (x_i - \bar{x}) \right\}^2}{\sum_{i=1}^{n} (x_i - \bar{x})^2} - 2 \frac{\left\{ \sum_{i=1}^{n} \varepsilon_i (x_i - \bar{x}) \right\}^2}{\sum_{i=1}^{n} (x_i - \bar{x})^2} \right]$$

$$\hat{\sigma}_e^2 = \frac{1}{n-2} \left[\sum_{i=1}^{n} (\varepsilon_i - \bar{\varepsilon})^2 - \frac{\left\{ \sum_{i=1}^{n} \varepsilon_i (x_i - \bar{x}) \right\}^2}{\sum_{i=1}^{n} (x_i - \bar{x})^2} \right] \quad \text{(B.5.1)}$$

式 (B.5.1) の両辺の期待値をとる.

$$E(\hat{\sigma}_e^2) = \frac{1}{n-2} \left[E\left\{ \sum_{i=1}^{n} (\varepsilon_i - \bar{\varepsilon})^2 \right\} - E\left[\frac{\left\{ \sum_{i=1}^{n} \varepsilon_i (x_i - \bar{x}) \right\}^2}{\sum_{i=1}^{n} (x_i - \bar{x})^2} \right] \right] \quad \text{(B.5.2)}$$

ここで,

$$E\left\{ \sum_{i=1}^{n} (\varepsilon_i - \bar{\varepsilon})^2 \right\} = E\left\{ \sum_{i=1}^{n} (\varepsilon_i^2 + \bar{\varepsilon}^2 - 2\bar{\varepsilon}\varepsilon_i) \right\}$$

$$= E\left(\sum_{i=1}^{n} \varepsilon_i^2 + n\bar{\varepsilon}^2 - 2\bar{\varepsilon} \sum_{i=1}^{n} \varepsilon_i \right)$$

$$= E\left(\sum_{i=1}^{n} \varepsilon_i^2 + n\bar{\varepsilon}^2 - 2\bar{\varepsilon} \cdot n\bar{\varepsilon} \right) = E\left(\sum_{i=1}^{n} \varepsilon_i^2 - n\bar{\varepsilon}^2 \right) = \sum_{i=1}^{n} E(\varepsilon_i^2) - nE(\bar{\varepsilon}^2)$$

$$= \sum_{i=1}^{n} \sigma_e^2 - n \frac{\sigma_e^2}{n} = n\sigma_e^2 - \sigma_e^2 = (n-1)\sigma_e^2 \quad \text{(B.5.3)}$$

となる. また,

$$E\left[\frac{\left\{ \sum_{i=1}^{n} \varepsilon_i (x_i - \bar{x}) \right\}^2}{\sum_{i=1}^{n} (x_i - \bar{x})^2} \right] = \frac{1}{\sum_{i=1}^{n} (x_i - \bar{x})^2} E\left[\left\{ \sum_{i=1}^{n} \varepsilon_i (x_i - \bar{x}) \right\}^2 \right]$$

$$= \frac{1}{\sum_{i=1}^{n} (x_i - \bar{x})^2} E\left\{ \sum_{i=1}^{n} \sum_{j=1}^{n} \varepsilon_i \varepsilon_j (x_i - \bar{x})(x_j - \bar{x}) \right\} \quad \text{(B.5.4)}$$

となる. ここで, A 参考資料内の式 (A.2.3) を式 (B.5.5) として再掲する.

$$E\left[\frac{\bar{x}^2}{\left\{\sum_{i=1}^{n}(x_i-\bar{x})^2\right\}^2}\sum_{i=1}^{n}\sum_{j=1}^{n}\varepsilon_i\varepsilon_j(x_i-\bar{x})(x_j-\bar{x})\right]=\frac{\bar{x}^2}{\sum_{i=1}^{n}(x_i-\bar{x})^2}\sigma_{\mathrm{e}}^2 \quad (\mathrm{B}.5.5)$$

式 (B.5.5) を変形すると,

$$\frac{\bar{x}^2}{\left\{\sum_{i=1}^{n}(x_i-\bar{x})^2\right\}^2}E\left[\sum_{i=1}^{n}\sum_{j=1}^{n}\varepsilon_i\varepsilon_j(x_i-\bar{x})(x_j-\bar{x})\right]=\frac{\bar{x}^2}{\sum_{i=1}^{n}(x_i-\bar{x})^2}\sigma_{\mathrm{e}}^2$$

$$\frac{1}{\sum_{i=1}^{n}(x_i-\bar{x})^2}E\left[\sum_{i=1}^{n}\sum_{j=1}^{n}\varepsilon_i\varepsilon_j(x_i-\bar{x})(x_j-\bar{x})\right]=\sigma_{\mathrm{e}}^2 \quad (\mathrm{B}.5.6)$$

$$E\left[\sum_{i=1}^{n}\sum_{j=1}^{n}\varepsilon_i\varepsilon_j(x_i-\bar{x})(x_j-\bar{x})\right]=\sigma_{\mathrm{e}}^2\sum_{i=1}^{n}(x_i-\bar{x})^2$$

となり，これを式 (B.5.4) に代入すると,

$$\frac{1}{\sum_{i=1}^{n}(x_i-\bar{x})^2}E\left\{\sum_{i=1}^{n}\sum_{j=1}^{n}\varepsilon_i\varepsilon_j(x_i-\bar{x})(x_j-\bar{x})\right\}=\frac{1}{\sum_{i=1}^{n}(x_i-\bar{x})^2}\sigma_{\mathrm{e}}^2\sum_{i=1}^{n}(x_i-\bar{x})^2$$
$$=\sigma_{\mathrm{e}}^2 \quad (\mathrm{B}.5.7)$$

よって，式 (B.5.2) は,

$$E(\hat{\sigma}_{\mathrm{e}}^2)=\frac{1}{n-2}\left[E\left\{\sum_{i=1}^{n}(\varepsilon_i-\bar{\varepsilon})^2\right\}-E\left[\frac{\left\{\sum_{i=1}^{n}\varepsilon_i(x_i-\bar{x})\right\}^2}{\sum_{i=1}^{n}(x_i-\bar{x})^2}\right]\right] \quad (\mathrm{B}.5.8)$$

$$=\frac{1}{n-2}\{(n-1)\sigma_{\mathrm{e}}^2-\sigma_{\mathrm{e}}^2\}=\sigma_{\mathrm{e}}^2$$

となり残差の母分散と一致する．よって不偏推定量である．

問題 2

共分散の定義より,

$$\sigma(\bar{y},\hat{\beta})=E\left[\{\bar{y}-E(\bar{y})\}\{\hat{\beta}-E(\hat{\beta})\}\right]=E\left[(\bar{y}-\mu)(\hat{\beta}-\beta)\right]$$

$$=E\left[\left\{\sum_{i=1}^{n}(\mu+\alpha+\beta\bar{x}+\varepsilon_i-\mu)\right\}\left\{\beta+\frac{\sum_{i=1}^{n}\varepsilon_i(x_i-\bar{x})}{\sum_{i=1}^{n}(x_i-\bar{x})^2}-\beta\right\}\right]$$

$$=E\left[\left\{\sum_{i=1}^{n}(\alpha+\beta\bar{x}+\varepsilon_i)\right\}\frac{\sum_{i=1}^{n}\varepsilon_i(x_i-\bar{x})}{\sum_{i=1}^{n}(x_i-\bar{x})^2}\right]$$

$$=\frac{1}{\sum_{i=1}^{n}(x_i-\overline{x})^2}E\left\{\sum_{i=1}^{n}(\alpha+\beta\overline{x}+\varepsilon_i)\right\}E\left\{\sum_{i=1}^{n}\varepsilon_i(x_i-\overline{x})\right\}$$

$$\sigma(\overline{y},\widehat{\beta})=E\left[\{\overline{y}-E(\overline{y})\}\{\widehat{\beta}-E(\widehat{\beta})\}\right]=E\left[(\overline{y}-\mu)(\widehat{\beta}-\beta)\right]$$

$$=E\left[\{(\alpha+\beta\overline{x}+\overline{\varepsilon})-(\alpha+\beta\overline{x})\}\left\{\beta+\frac{\sum_{i=1}^{n}\varepsilon_i(x_i-\overline{x})}{\sum_{i=1}^{n}(x_i-\overline{x})^2}-\beta\right\}\right]$$

$$=E\left\{\overline{\varepsilon}\frac{\sum_{i=1}^{n}\varepsilon_i(x_i-\overline{x})}{\sum_{i=1}^{n}(x_i-\overline{x})^2}\right\}=E\left\{\frac{\sum_{i=1}^{n}\varepsilon_i}{n}\frac{\sum_{i=1}^{n}\varepsilon_i(x_i-\overline{x})}{\sum_{i=1}^{n}(x_i-\overline{x})^2}\right\}$$

$$=\frac{1}{n\sum_{i=1}^{n}(x_i-\overline{x})^2}E\left\{\sum_{i=1}^{n}\varepsilon_i\sum_{i=1}^{n}\varepsilon_i(x_i-\overline{x})\right\}$$

$$=\frac{1}{n\sum_{i=1}^{n}(x_i-\overline{x})^2}E\left\{\sum_{i=1}^{n}\sum_{j=1}^{n}\varepsilon_i\varepsilon_j(x_j-\overline{x})\right\}$$

$$=\frac{1}{n\sum_{i=1}^{n}(x_i-\overline{x})^2}\sum_{i=1}^{n}\sum_{j=1}^{n}\{(x_j-\overline{x})E(\varepsilon_i\varepsilon_j)\} \tag{B.5.9}$$

ここで，$E(\varepsilon_i\varepsilon_j)$ は，

$$i=j\text{ のとき}\quad E(\varepsilon_i\varepsilon_j)=E(\varepsilon_i^2)=\sigma_e^2 \tag{B.5.10}$$

$i\ne j$ のときは ε_i, ε_j の間に相関がないため $\quad E(\varepsilon_i\varepsilon_j)=0 \quad$ (B.5.11)

となる．よって式 (B.5.9) は，

$$\begin{aligned}\sigma(\overline{y},\widehat{\beta})&=\frac{1}{n\sum_{i=1}^{n}(x_i-\overline{x})^2}\sum_{i=1}^{n}\sum_{j=1}^{n}\{(x_j-\overline{x})E(\varepsilon_i\varepsilon_j)\}\\&=\frac{\sigma_e^2}{n\sum_{i=1}^{n}(x_i-\overline{x})^2}\sum_{j=1}^{n}(x_j-\overline{x})=0\end{aligned} \tag{B.5.12}$$

問題 3

逆推定を行うための式は，

$$x_0=\frac{y_0-\widehat{\alpha}}{\widehat{\beta}} \tag{B.5.13}$$

となる．これに相関を考慮した伝播則を適用すると，

$$\sigma^2(x_0) = \left(\frac{\partial y_0}{\partial x_0}\right)^2 \sigma^2(y_0) + \left(\frac{\partial \widehat{\alpha}}{\partial x_0}\right)^2 \sigma^2(\widehat{\alpha}) + \left(\frac{\partial \widehat{\beta}}{\partial x_0}\right)^2 \sigma^2(\widehat{\beta}) + 2\left(\frac{\partial \widehat{\alpha}}{\partial x_0}\right)\left(\frac{\partial \widehat{\beta}}{\partial x_0}\right)\sigma(\widehat{\alpha}, \widehat{\beta})$$

$$= \left(\frac{1}{\widehat{\beta}}\right)^2 \sigma^2(y_0) + \left(-\frac{1}{\widehat{\beta}}\right)^2 \sigma^2(\widehat{\alpha}) + \left(-\frac{y_0-\widehat{\alpha}}{\widehat{\beta}^2}\right)^2 \sigma^2(\widehat{\beta}) + 2\left(-\frac{1}{\widehat{\beta}}\right)\left(-\frac{y_0-\widehat{\alpha}}{\widehat{\beta}^2}\right)\sigma(\widehat{\alpha}, \widehat{\beta})$$

(B.5.14)

上式に式 (5.46)，式 (5.18)，式 (5.19)，式 (5.21) を代入すると，

$$\sigma^2(x_0) = \left(\frac{1}{\widehat{\beta}}\right)^2 \sigma^2(y_0) + \left(-\frac{1}{\widehat{\beta}}\right)^2 \sigma^2(\widehat{\alpha}) + \left(-\frac{y_0-\widehat{\alpha}}{\widehat{\beta}^2}\right)^2 \sigma^2(\widehat{\beta}) + 2\left(-\frac{1}{\widehat{\beta}}\right)\left(-\frac{y_0-\widehat{\alpha}}{\widehat{\beta}^2}\right)\sigma(\widehat{\alpha}, \widehat{\beta})$$

$$= \left(\frac{1}{\widehat{\beta}}\right)^2 \frac{\sigma_e^2}{l} + \left(-\frac{1}{\widehat{\beta}}\right)^2 \left\{\frac{\sum_{i=1}^{n} x_i^2}{n\sum_{i=1}^{n}(x_i-\overline{x})^2}\sigma_e^2\right\} + \left(-\frac{y_0-\widehat{\alpha}}{\widehat{\beta}^2}\right)^2 \left\{\frac{\sigma_e^2}{\sum_{i=1}^{n}(x_i-\overline{x})^2}\right\}$$

$$+ 2\left(-\frac{1}{\widehat{\beta}}\right)\left(-\frac{y_0-\widehat{\alpha}}{\widehat{\beta}^2}\right)\left\{-\frac{\sum_{i=1}^{n} x_i}{n\sum_{i=1}^{n}(x_i-\overline{x})^2}\sigma_e^2\right\}$$

$$= \frac{\sigma_e^2}{\widehat{\beta}^2}\left[\frac{1}{l} + \left\{\frac{\sum_{i=1}^{n} x_i^2}{n\sum_{i=1}^{n}(x_i-\overline{x})^2}\right\} + \frac{(y_0-\widehat{\alpha})^2}{\widehat{\beta}^2\sum_{i=1}^{n}(x_i-\overline{x})^2} - 2\left(\frac{y_0-\widehat{\alpha}}{\widehat{\beta}}\right)\left\{\frac{\sum_{i=1}^{n} x_i}{n\sum_{i=1}^{n}(x_i-\overline{x})^2}\right\}\right]$$

$$= \frac{\sigma_e^2}{\widehat{\beta}^2}\left[\frac{1}{l} + \frac{\widehat{\beta}^2\sum_{i=1}^{n} x_i^2 + n(y_0-\widehat{\alpha})^2 - 2\widehat{\beta}(y_0-\widehat{\alpha})\sum_{i=1}^{n} x_i}{n\widehat{\beta}^2\sum_{i=1}^{n}(x_i-\overline{x})^2}\right]$$

$$= \frac{\sigma_e^2}{\widehat{\beta}^2}\left[\frac{1}{l} + \frac{\widehat{\beta}^2\sum_{i=1}^{n} x_i^2 + n(y_0-\widehat{\alpha})^2 - 2n\widehat{\beta}\overline{x}(y_0-\widehat{\alpha})}{n\widehat{\beta}^2\sum_{i=1}^{n}(x_i-\overline{x})^2}\right]$$

$$= \frac{\sigma_e^2}{\widehat{\beta}^2}\left[\frac{1}{l} + \frac{\widehat{\beta}^2\sum_{i=1}^{n} x_i^2 + n(y_0-\widehat{\alpha})\{(y_0-\widehat{\alpha}) - 2\widehat{\beta}\overline{x}\}}{n\widehat{\beta}^2\sum_{i=1}^{n}(x_i-\overline{x})^2}\right]$$

ここで，式 (5.9) を代入し，

$$\sigma^2(x_0) = \frac{\sigma_e^2}{\widehat{\beta}^2}\left[\frac{1}{l} + \frac{\widehat{\beta}^2\sum_{i=1}^n x_i^2 + n\left(y_0 - \bar{y} + \widehat{\beta}\bar{x}\right)\left\{\left(y_0 - \bar{y} + \widehat{\beta}\bar{x}\right) - 2\widehat{\beta}\bar{x}\right\}}{n\widehat{\beta}^2\sum_{i=1}^n (x_i - \bar{x})^2}\right]$$

$$= \frac{\sigma_e^2}{\widehat{\beta}^2}\left[\frac{1}{l} + \frac{\widehat{\beta}^2\sum_{i=1}^n x_i^2 + n\left\{(y_0 - \bar{y}) + \widehat{\beta}\bar{x}\right\}\left\{(y_0 - \bar{y}) - \widehat{\beta}\bar{x}\right\}}{n\widehat{\beta}^2\sum_{i=1}^n (x_i - \bar{x})^2}\right]$$

$$= \frac{\sigma_e^2}{\widehat{\beta}^2}\left[\frac{1}{l} + \frac{\widehat{\beta}^2\sum_{i=1}^n x_i^2 + n\left\{(y_0 - \bar{y})^2 - \widehat{\beta}^2\bar{x}^2\right\}}{n\widehat{\beta}^2\sum_{i=1}^n (x_i - \bar{x})^2}\right]$$

$$= \frac{\sigma_e^2}{\widehat{\beta}^2}\left[\frac{1}{l} + \frac{\sum_{i=1}^n x_i^2 - n\bar{x}^2}{n\sum_{i=1}^n (x_i - \bar{x})^2} + \frac{(y_0 - \bar{y})^2}{\widehat{\beta}^2\sum_{i=1}^n (x_i - \bar{x})^2}\right]$$

となる．また，

$$\sum_{i=1}^n (x_i - \bar{x})^2 = \sum_{i=1}^n (x_i^2 - 2\bar{x}x_i + \bar{x}^2) = \sum_{i=1}^n x_i^2 - 2\bar{x}\sum_{i=1}^n x_i + \bar{x}^2\sum_{i=1}^n 1$$

$$= \sum_{i=1}^n x_i^2 - 2n\bar{x}\frac{\sum_{i=1}^n x_i}{n} + n\bar{x}^2 = \sum_{i=1}^n x_i^2 - n\bar{x}^2$$

より，

$$\sigma^2(x_0) = \frac{\sigma_e^2}{\widehat{\beta}^2}\left[\frac{1}{l} + \frac{\sum_{i=1}^n x_i^2 - n\bar{x}^2}{n\sum_{i=1}^n (x_i - \bar{x})^2} + \frac{(y_0 - \bar{y})^2}{\widehat{\beta}^2\sum_{i=1}^n (x_i - \bar{x})^2}\right]$$

$$= \frac{\sigma_e^2}{\widehat{\beta}^2}\left[\frac{1}{l} + \frac{\sum_{i=1}^n x_i^2 - n\bar{x}^2}{n\left\{\sum_{i=1}^n x_i^2 - n\bar{x}^2\right\}} + \frac{(y_0 - \bar{y})^2}{\widehat{\beta}^2\sum_{i=1}^n (x_i - \bar{x})^2}\right]$$

$$= \frac{\sigma_e^2}{\widehat{\beta}^2}\left[\frac{1}{l} + \frac{1}{n} + \frac{(y_0 - \bar{y})^2}{\widehat{\beta}^2\sum_{i=1}^n (x_i - \bar{x})^2}\right]$$

となり，式 (5.47) と一致する．

問題 4

$$\sigma^2(\hat{\alpha}) = \frac{\sum_{i=1}^{n} x_i^2}{n\sum_{i=1}^{n}(x_i-\bar{x})^2}\sigma_e^2 = \frac{\left(\sum_{i=1}^{n} x_i^2 - n\bar{x}^2\right) + n\bar{x}^2}{n\sum_{i=1}^{n}(x_i-\bar{x})^2}\sigma_e^2$$

$$= \frac{\sum_{i=1}^{n}(x_i-\bar{x})^2 + n\bar{x}^2}{n\sum_{i=1}^{n}(x_i-\bar{x})^2}\sigma_e^2 = \sigma_e^2\left\{\frac{1}{n} + \frac{\bar{x}^2}{\sum_{i=1}^{n}(x_i-\bar{x})^2}\right\}$$

よって両者は一致する．

Microsoft Excel を用いた統計解析

本付録では，Microsoft Excel[36]を用い，本文中で解説した統計解析をどのように行えばよいかを特に複雑な計算を行っている部分に関して解説する．ここでは Microsoft Excel 2013 をもとに解説するが，ほとんどのバージョンについて同様のことが行えるはずである．

2章

正規分布に従う乱数を発生（表9）

【0～1の間の一様乱数，正規乱数（正規分布に従う乱数）の発生】

	A	B
1	0-1の乱数	=RAND()
2	母平均	0
3	母標準偏差	1
4	正規乱数	=NORMINV(RAND(),B2,B3)

図 55

【結果】

	A	B
1	0-1の乱数	0.366415987
2	母平均	0
3	母標準偏差	1
4	正規乱数	0.62172072

図 56

---

[36] Microsoft および Excel は，米国 Microsoft Corporation の，米国およびその他の国における登録商標または商標です．

【表11】

四角内を1000個作成

	A	B	C	D	E
1	母平均		繰り返し	正規乱数1	正規乱数2
2	0		1	=NORMINV(RAND(),A2,A4)	=NORMINV(RAND(),A2,A4)
3	母標準偏差		2	=NORMINV(RAND(),A2,A4)	=NORMINV(RAND(),A2,A4)
4	1		3	=NORMINV(RAND(),A2,A4)	=NORMINV(RAND(),A2,A4)
5			4	=NORMINV(RAND(),A2,A4)	=NORMINV(RAND(),A2,A4)
6			5	=NORMINV(RAND(),A2,A4)	=NORMINV(RAND(),A2,A4)
7			6	=NORMINV(RAND(),A2,A4)	=NORMINV(RAND(),A2,A4)
8			7	=NORMINV(RAND(),A2,A4)	=NORMINV(RAND(),A2,A4)
9			8	=NORMINV(RAND(),A2,A4)	=NORMINV(RAND(),A2,A4)
10			9	=NORMINV(RAND(),A2,A4)	=NORMINV(RAND(),A2,A4)
11			10	=NORMINV(RAND(),A2,A4)	=NORMINV(RAND(),A2,A4)
12			標本平均	=AVERAGE(D2:D11)	=AVERAGE(E2:E11)
13			標本分散	=VAR(D2:D11)	=VAR(E2:E11)
14			標本標準偏差	=STDEV(D2:D11)	=STDEV(E2:E11)
15					
16			標本平均の平均値		=AVERAGE(D12:ALO12)
17			標本分散の平均値		=AVERAGE(D13:ALO13)
18			標本標準偏差の平均値		=AVERAGE(D14:ALO14)

1000個の平均値

図57

【結果】

	A	B	C	D	E	
1	母平均		繰り返し	正規乱数1	正規乱数2	正規
2	0		1	-0.681041309	-0.488674652	1.3
3	母標準偏差		2	-0.836794321	0.048437528	-0
4	1		3	1.293642227	2.013808439	-1
5			4	-0.934813725	1.043114939	0
6			5	1.493887561	-1.445894431	0.9
7			6	-0.253509008	1.747882286	1.1
8			7	1.253670162	-0.790968884	0.5
9			8	0.431382111	1.756588482	0.1
10			9	1.043092699	-1.918331988	-0
11			10	-0.386361067	0.456129789	0
12			標本平均	0.242315533	0.242209151	0.2
13			標本分散	0.935036028	1.949222183	0.7
14			標本標準偏差	0.96697261	1.396145474	0.8
15						
16			標本平均の平均値		0.006586055	
17			標本分散の平均値		0.98309392	
18			標本標準偏差の平均値		0.964527806	

図58

3章

正規分布の逆関数（表14）

	A	B
1	母平均	0
2	母標準偏差	1
3	確率	z
4	0.001	=NORMINV(1-A4,B1,B2)
5	0.01	=NORMINV(1-A5,B1,B2)
6	0.02	=NORMINV(1-A6,B1,B2)
7	0.025	=NORMINV(1-A7,B1,B2)
8	0.05	=NORMINV(1-A8,B1,B2)
9	0.1	=NORMINV(1-A9,B1,B2)
10	0.2	=NORMINV(1-A10,B1,B2)

図59

【結果】

	A	B
1	母平均	0
2	母標準偏差	1
3	確率	z
4	0.001	3.090
5	0.01	2.326
6	0.02	2.054
7	0.025	1.960
8	0.05	1.645
9	0.1	1.282
10	0.2	0.842

図60

両側確率の正規分布表（表15）

	A	B
1	母平均	0
2	母標準偏差	1
3	P	z
4	0.001	=NORMINV(1-A4/2,B1,B2)
5	0.01	=NORMINV(1-A5/2,B1,B2)
6	0.02	=NORMINV(1-A6/2,B1,B2)
7	0.025	=NORMINV(1-A7/2,B1,B2)
8	0.05	=NORMINV(1-A8/2,B1,B2)
9	0.1	=NORMINV(1-A9/2,B1,B2)
10	0.2	=NORMINV(1-A10/2,B1,B2)

図61

【結果】

	A	B
1	母平均	0
2	母標準偏差	1
3	P	z
4	0.001	3.291
5	0.01	2.576
6	0.02	2.326
7	0.025	2.241
8	0.05	1.960
9	0.1	1.645
10	0.2	1.282

図 62

t-分布 (表 16)

	A	B	C
1	自由度：		
2	f	0.5	0.4
3	1	=TINV(B$2,$A3)	=TINV(C$2,$A3)
4	2	=TINV(B$2,$A4)	=TINV(C$2,$A4)
5	3	=TINV(B$2,$A5)	=TINV(C$2,$A5)
6	4	=TINV(B$2,$A6)	=TINV(C$2,$A6)

図 63

【結果】

	A	B	C	D	E	F	G	H	I
1	自由度：				両側確率：P				
2	f	0.5	0.4	0.3	0.2	0.1	0.05	0.01	0.001
3	1	1.000	1.376	1.963	3.078	6.314	12.706	63.657	636.619
4	2	0.816	1.061	1.386	1.886	2.920	4.303	9.925	31.599
5	3	0.765	0.978	1.250	1.638	2.353	3.182	5.841	12.924
6	4	0.741	0.941	1.190	1.533	2.132	2.776	4.604	8.610
7	5	0.727	0.920	1.156	1.476	2.015	2.571	4.032	6.869
8	6	0.718	0.906	1.134	1.440	1.943	2.447	3.707	5.959
9	7	0.711	0.896	1.119	1.415	1.895	2.365	3.499	5.408
10	8	0.706	0.889	1.108	1.397	1.860	2.306	3.355	5.041
11	9	0.703	0.883	1.100	1.383	1.833	2.262	3.250	4.781
12	10	0.700	0.879	1.093	1.372	1.812	2.228	3.169	4.587
13	20	0.687	0.860	1.064	1.325	1.725	2.086	2.845	3.850
14	50	0.679	0.849	1.047	1.299	1.676	2.009	2.678	3.496
15	100	0.677	0.845	1.042	1.290	1.660	1.984	2.626	3.390

図 64

F-分布表（表17）

	A	B	C	D	E
1	$f_1\backslash f_2$	5	10	20	50
2	5	=FINV(0.05,$A2,B$1)	=FINV(0.05,$A2,C$1)	=FINV(0.05,$A2,D$1)	=FINV(0.05,$A2,E$1)
3	10	=FINV(0.05,$A3,B$1)	=FINV(0.05,$A3,C$1)	=FINV(0.05,$A3,D$1)	=FINV(0.05,$A3,E$1)
4	20	=FINV(0.05,$A4,B$1)	=FINV(0.05,$A4,C$1)	=FINV(0.05,$A4,D$1)	=FINV(0.05,$A4,E$1)
5	50	=FINV(0.05,$A5,B$1)	=FINV(0.05,$A5,C$1)	=FINV(0.05,$A5,D$1)	=FINV(0.05,$A5,E$1)

図 65

【結果】

	A	B	C	D	E
1	$f_1\backslash f_2$	5	10	20	50
2	5	5.050	3.326	2.711	2.400
3	10	4.735	2.978	2.348	2.026
4	20	4.558	2.774	2.124	1.784
5	50	4.444	2.637	1.966	1.599

図 66

4 章

一元配置の分散分析と F-検定

分散分析は，セルにデータを入力し，四則演算を組み合わせて行う場合も多いが，ここでは Excel のデータ分析ツールを用いて分散分析を行う例を紹介する．

【データ分析ツールのインストール法】

Excel の「ファイル」タブ内の「オプション」をクリック（図 67）．

図 67

出てきたウインドウの中で,「アドイン」を選択(図68).

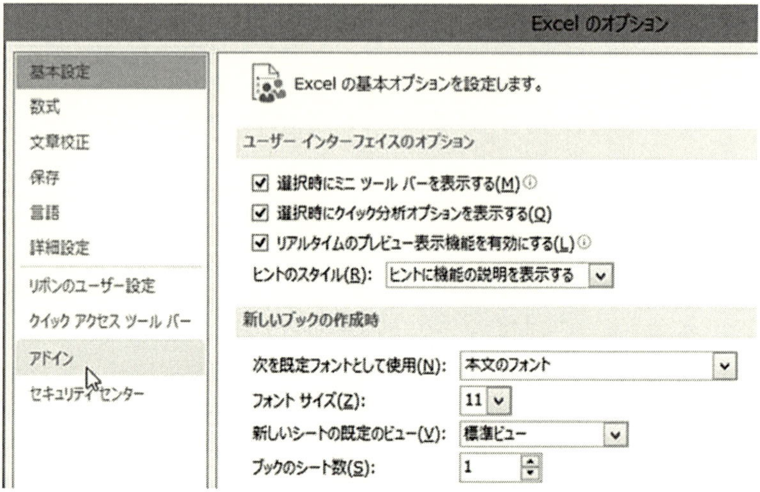

図 68

「アドイン」内で,「設定」を選択(図69).

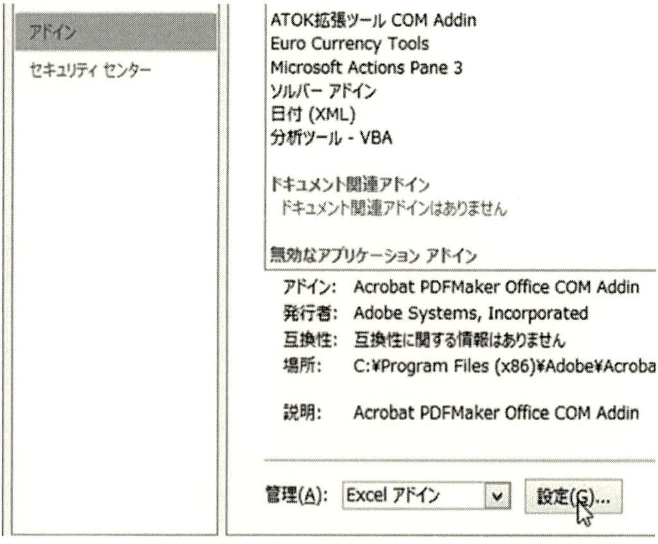

図 69

出てきたウインドウ内の「分析ツール」にチェックを付ける（図70）.

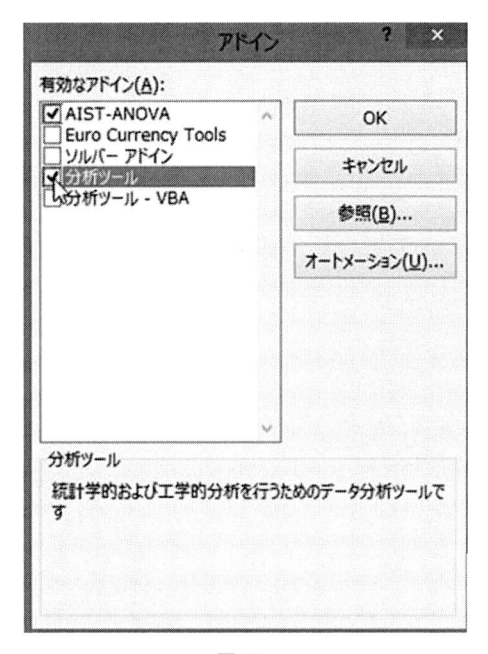

図70

「データ」タブ内に「データ分析」ボタンが現れる（図71）. ボタンが現れない場合は，Excelを再起動するとよい.

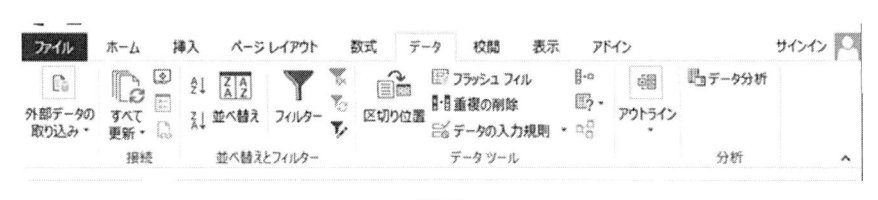

図71

【一元配置の分散分析（表26, 表28）】

「データ分析」ボタンをクリックし，「分散分析：一元配置」を選択（図72）.

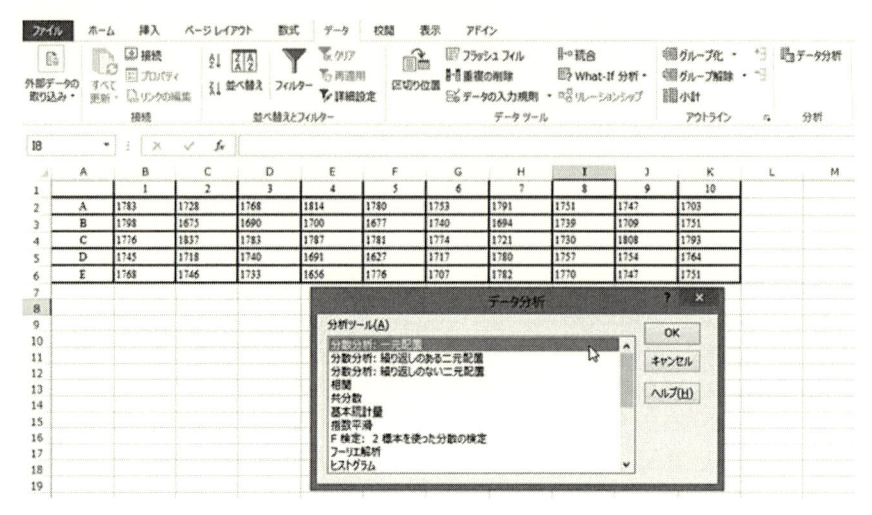

図72

「入力範囲」にデータを設定し，「データ方向」を「列」または「行」を選ぶ（図73）．「列」または「行」は繰返しの方向を表している．本例の場合，繰返し（1から10）は，横方向，つまり，「行」方向なので，「行」を選択．さらに，F-検定を行う際の有意水準を a の欄に入力（今回は有意水準1%を選択）．その後「OK」をクリック．

図73

C Microsoft Excel を用いた統計解析

分散分析結果が表示される（図74）．

	A	B	C	D	E	F	G
1	分散分析: 一元配置						
2							
3	概要						
4	グループ	標本数	合計	平均	分散		
5	行1	10	17618	1761.8	1045.511111		
6	行2	10	17173	1717.3	1522.677778		
7	行3	10	17790	1779	1142.666667		
8	行4	10	17293	1729.3	1969.344444		
9	行5	10	17436	1743.6	1446.044444		
10							
11							
12	分散分析表						
13	変動要因	変動	自由度	分散	観測された分散比	P-値	F境界値
14	グループ間	24467.8	4	6116.95	4.291846882	0.005015	3.767427
15	グループ内	64136.2	45	1425.249			
16							
17	合計	88604	49				

図74

これを見てわかるように，分散分析表だけではなく，分散比も計算され，そのときの F 境界値も自動的に求められる．また，分散の期待値については表示されない．これについては手計算が必要である．

【分散分析を計算するシートを自作した場合，そのシートが間違っていないかを評価するためのデータ発生法】

母平均：10，級間標準偏差3，級内標準偏差1であるデータを，10水準，繰返し2回にて発生．

	A	B	C	D	E	F
1	母平均	10				
2	級間標準偏差	3				
3	級内標準偏差	1				
4					分散分析用データ	
5	水準				1	2
6	1	=NORMINV(RAND(),B1,B2)	1		=$B6+NORMINV(RAND(),0,$B$3)	=$B6+NORMINV(RAND(),0,$B$3)
7	2	=NORMINV(RAND(),B1,B2)	2		=$B7+NORMINV(RAND(),0,$B$3)	=$B7+NORMINV(RAND(),0,$B$3)
8	3	=NORMINV(RAND(),B1,B2)	3		=$B8+NORMINV(RAND(),0,$B$3)	=$B8+NORMINV(RAND(),0,$B$3)
9	4	=NORMINV(RAND(),B1,B2)	4		=$B9+NORMINV(RAND(),0,$B$3)	=$B9+NORMINV(RAND(),0,$B$3)
10	5	=NORMINV(RAND(),B1,B2)	5		=$B10+NORMINV(RAND(),0,$B$3)	=$B10+NORMINV(RAND(),0,$B$3)
11	6	=NORMINV(RAND(),B1,B2)	6		=$B11+NORMINV(RAND(),0,$B$3)	=$B11+NORMINV(RAND(),0,$B$3)
12	7	=NORMINV(RAND(),B1,B2)	7		=$B12+NORMINV(RAND(),0,$B$3)	=$B12+NORMINV(RAND(),0,$B$3)
13	8	=NORMINV(RAND(),B1,B2)	8		=$B13+NORMINV(RAND(),0,$B$3)	=$B13+NORMINV(RAND(),0,$B$3)
14	9	=NORMINV(RAND(),B1,B2)	9		=$B14+NORMINV(RAND(),0,$B$3)	=$B14+NORMINV(RAND(),0,$B$3)
15	10	=NORMINV(RAND(),B1,B2)	10		=$B15+NORMINV(RAND(),0,$B$3)	=$B15+NORMINV(RAND(),0,$B$3)

図75

【結果】

	A	B	C	D	E	F
1	母平均	10				
2	級間標準偏差	3				
3	級内標準偏差	1				
4					分散分析用データ	
5	水準				1	2
6	1	6.514685934		1	5.935434074	7.507000043
7	2	10.77396362		2	10.88604744	9.054996281
8	3	17.47732292		3	16.87266341	16.49056322
9	4	12.2501995		4	12.03977873	11.89894764
10	5	6.662560713		5	6.351248334	5.751739915
11	6	5.308791792		6	5.490454922	5.72369701
12	7	9.22910555		7	7.789015801	8.499016436
13	8	13.27835147		8	13.14248571	12.80131 78
14	9	8.08728437		9	6.863098511	8.510490579
15	10	3.818425933		10	4.266353159	4.715103466

図76

　ここで作成されたデータを分散分析すれば，母平均の推定値10，級間標準偏差の推定値3，級内標準偏差の推定値1に近い値になるはずである．また乱数はファンクションキー9番を押すと新しいものに更新される．このデータを利用して，想定された答えが出るかどうかを判断し，作成したシートの検証を行う．

5章

切片と傾きの算出（式(5.29)，(5.30)）

	A	B	C	D	E	F	G	H
1		測定データ						
2	x	1	2	3	4	5	切片	=INTERCEPT(B3:F3,B2:F2)
3	y	0.24	3.31	2.33	4.44	5.48	傾き	=SLOPE(B3:F3,B2:F2)

図77

【結果】

	A	B	C	D	E	F	G	H
1		測定データ						
2	x	1	2	3	4	5	切片	−0.323
3	y	0.24	3.31	2.33	4.44	5.48	傾き	1.161

図78

ただし，この方法では，残差の標本分散を求めたい場合は四則演算を組み合わせて求める必要がある．

【「データ分析」ツールを用いる方法】

x, y それぞれのデータが，縦方向に並ぶように整形し，「データ分析」ツールを立ち上げ，「回帰分析」を選択（図79）．

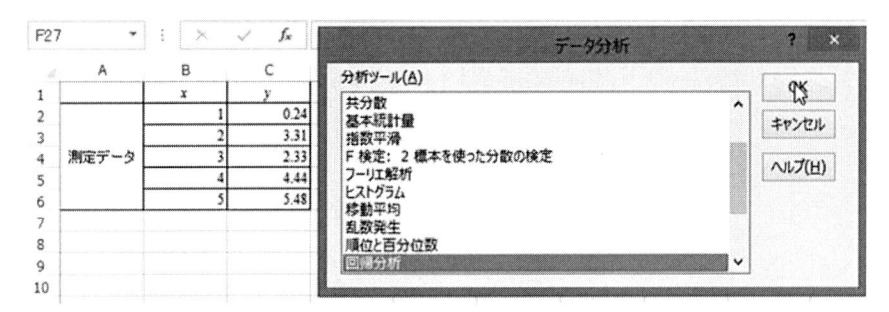

図 79

y と x の値を設定し，「OK」ボタンを押す（図80）．

図 80

結果が表示される．

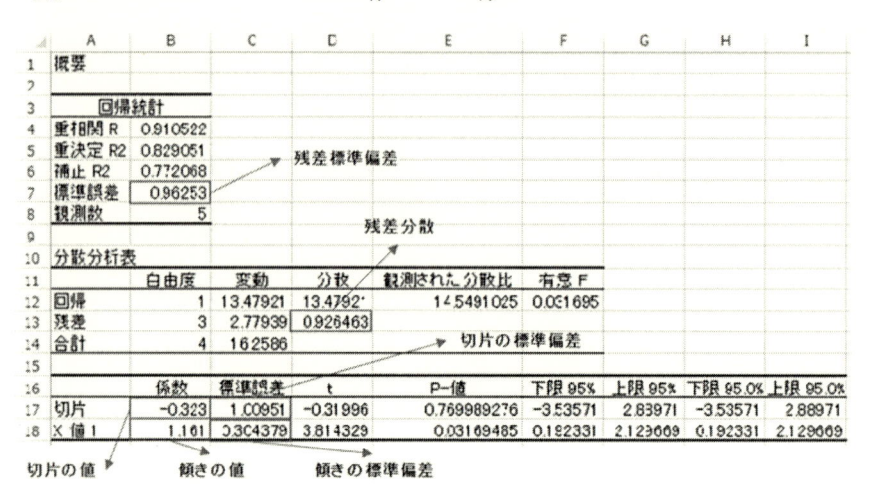

	A	B	C	D	E	F	G	H	I
1	概要								
2									
3		回帰統計							
4	重相関 R	0.910522							
5	重決定 R2	0.829051							
6	補正 R2	0.772068							
7	標準誤差	0.96253		←残差標準偏差					
8	観測数	5							
9									
10	分散分析表				←残差分散				
11		自由度	変動	分散	観測された分散比	有意 F			
12	回帰	1	13.47921	13.4792	14.5491025	0.031695			
13	残差	3	2.77939	0.926463					
14	合計	4	16.2586		←切片の標準偏差				
15									
16		係数	標準誤差	t	P-値	下限 95%	上限 95%	下限 95.0%	上限 95.0%
17	切片	-0.323	1.00951	-0.31996	0.769989276	-3.53571	2.88971	-3.53571	2.88971
18	X 値 1	1.161	0.304379	3.814329	0.03169485	0.192331	2.129669	0.192331	2.129669

切片の値　　　傾きの値　　傾きの標準偏差

図 81

D. 付表

付表1 正規分布表（標準正規分布に対する累積分布関数・片側確率）

a \ b	0.00	0.01	0.02	0.03	0.04	0.05	0.06	0.07	0.08	0.09
0.0	0.5000	0.5040	0.5080	0.5120	0.5160	0.5199	0.5239	0.5279	0.5319	0.5359
0.1	0.5398	0.5438	0.5478	0.5517	0.5557	0.5596	0.5636	0.5675	0.5714	0.5753
0.2	0.5793	0.5832	0.5871	0.5910	0.5948	0.5987	0.6026	0.6064	0.6103	0.6141
0.3	0.6179	0.6217	0.6255	0.6293	0.6331	0.6368	0.6406	0.6443	0.6480	0.6517
0.4	0.6554	0.6591	0.6628	0.6664	0.6700	0.6736	0.6772	0.6808	0.6844	0.6879
0.5	0.6915	0.6950	0.6985	0.7019	0.7054	0.7088	0.7123	0.7157	0.7190	0.7224
0.6	0.7257	0.7291	0.7324	0.7357	0.7389	0.7422	0.7454	0.7486	0.7517	0.7549
0.7	0.7580	0.7611	0.7642	0.7673	0.7704	0.7734	0.7764	0.7794	0.7823	0.7852
0.8	0.7881	0.7910	0.7939	0.7967	0.7995	0.8023	0.8051	0.8078	0.8106	0.8133
0.9	0.8159	0.8186	0.8212	0.8238	0.8264	0.8289	0.8315	0.8340	0.8365	0.8389
1.0	0.8413	0.8438	0.8461	0.8485	0.8508	0.8531	0.8554	0.8577	0.8599	0.8621
1.1	0.8643	0.8665	0.8686	0.8708	0.8729	0.8749	0.8770	0.8790	0.8810	0.8830
1.2	0.8849	0.8869	0.8888	0.8907	0.8925	0.8944	0.8962	0.8980	0.8997	0.9015
1.3	0.9032	0.9049	0.9066	0.9082	0.9099	0.9115	0.9131	0.9147	0.9162	0.9177
1.4	0.9192	0.9207	0.9222	0.9236	0.9251	0.9265	0.9279	0.9292	0.9306	0.9319
1.5	0.9332	0.9345	0.9357	0.9370	0.9382	0.9394	0.9406	0.9418	0.9429	0.9441
1.6	0.9452	0.9463	0.9474	0.9484	0.9495	0.9505	0.9515	0.9525	0.9535	0.9545
1.7	0.9554	0.9564	0.9573	0.9582	0.9591	0.9599	0.9608	0.9616	0.9625	0.9633
1.8	0.9641	0.9649	0.9656	0.9664	0.9671	0.9678	0.9686	0.9693	0.9699	0.9706
1.9	0.9713	0.9719	0.9726	0.9732	0.9738	0.9744	0.9750	0.9756	0.9761	0.9767
2.0	0.9772	0.9778	0.9783	0.9788	0.9793	0.9798	0.9803	0.9808	0.9812	0.9817
2.1	0.9821	0.9826	0.9830	0.9834	0.9838	0.9842	0.9846	0.9850	0.9854	0.9857
2.2	0.9861	0.9864	0.9868	0.9871	0.9875	0.9878	0.9881	0.9884	0.9887	0.9890
2.3	0.9893	0.9896	0.9898	0.9901	0.9904	0.9906	0.9909	0.9911	0.9913	0.9916
2.4	0.9918	0.9920	0.9922	0.9925	0.9927	0.9929	0.9931	0.9932	0.9934	0.9936
2.5	0.9938	0.9940	0.9941	0.9943	0.9945	0.9946	0.9948	0.9949	0.9951	0.9952
2.6	0.9953	0.9955	0.9956	0.9957	0.9959	0.9960	0.9961	0.9962	0.9963	0.9964
2.7	0.9965	0.9966	0.9967	0.9968	0.9969	0.9970	0.9971	0.9972	0.9973	0.9974
2.8	0.9974	0.9975	0.9976	0.9977	0.9977	0.9978	0.9979	0.9979	0.9980	0.9981
2.9	0.9981	0.9982	0.9982	0.9983	0.9984	0.9984	0.9985	0.9985	0.9986	0.9986
3.0	0.9987	0.9987	0.9987	0.9988	0.9988	0.9989	0.9989	0.9989	0.9990	0.9990

a は z の値の小数点以下1桁目まで，b はそれに追加される小数点以下2桁目を示す．

付表 2 両側確率に対する z の値

a \ b	0.000	0.001	0.002	0.003	0.004	0.005	0.006	0.007	0.008	0.009
0.00	—	3.291	3.090	2.968	2.878	2.807	2.748	2.697	2.652	2.612
0.01	2.576	2.543	2.512	2.484	2.457	2.432	2.409	2.387	2.366	2.346
0.02	2.326	2.308	2.290	2.273	2.257	2.241	2.226	2.212	2.197	2.183
0.03	2.170	2.157	2.144	2.132	2.120	2.108	2.097	2.086	2.075	2.064
0.04	2.054	2.044	2.034	2.024	2.014	2.005	1.995	1.986	1.977	1.969
0.05	1.960	1.951	1.943	1.935	1.927	1.919	1.911	1.903	1.896	1.888
0.06	1.881	1.873	1.866	1.859	1.852	1.845	1.838	1.832	1.825	1.818
0.07	1.812	1.805	1.799	1.793	1.787	1.780	1.774	1.768	1.762	1.757
0.08	1.751	1.745	1.739	1.734	1.728	1.722	1.717	1.711	1.706	1.701
0.09	1.695	1.690	1.685	1.680	1.675	1.670	1.665	1.660	1.655	1.650
0.10	1.645	1.640	1.635	1.630	1.626	1.621	1.616	1.612	1.607	1.603
0.11	1.598	1.594	1.589	1.585	1.580	1.576	1.572	1.567	1.563	1.559
0.12	1.555	1.551	1.546	1.542	1.538	1.534	1.530	1.526	1.522	1.518
0.13	1.514	1.510	1.506	1.502	1.499	1.495	1.491	1.487	1.483	1.480
0.14	1.476	1.472	1.468	1.465	1.461	1.457	1.454	1.450	1.447	1.443
0.15	1.440	1.436	1.433	1.429	1.426	1.422	1.419	1.415	1.412	1.408
0.16	1.405	1.402	1.398	1.395	1.392	1.388	1.385	1.382	1.379	1.375
0.17	1.372	1.369	1.366	1.363	1.359	1.356	1.353	1.350	1.347	1.344
0.18	1.341	1.338	1.335	1.332	1.329	1.326	1.323	1.320	1.317	1.314
0.19	1.311	1.308	1.305	1.302	1.299	1.296	1.293	1.290	1.287	1.284
0.20	1.282	1.279	1.276	1.273	1.270	1.267	1.265	1.262	1.259	1.256
0.21	1.254	1.251	1.248	1.245	1.243	1.240	1.237	1.235	1.232	1.229
0.22	1.227	1.224	1.221	1.219	1.216	1.213	1.211	1.208	1.206	1.203
0.23	1.200	1.198	1.195	1.193	1.190	1.188	1.185	1.183	1.180	1.177
0.24	1.175	1.172	1.170	1.168	1.165	1.163	1.160	1.158	1.155	1.153
0.25	1.150	1.148	1.146	1.143	1.141	1.138	1.136	1.134	1.131	1.129
0.26	1.126	1.124	1.122	1.119	1.117	1.115	1.112	1.110	1.108	1.105
0.27	1.103	1.101	1.098	1.096	1.094	1.092	1.089	1.087	1.085	1.083
0.28	1.080	1.078	1.076	1.074	1.071	1.069	1.067	1.065	1.063	1.060
0.29	1.058	1.056	1.054	1.052	1.049	1.047	1.045	1.043	1.041	1.039
0.30	1.036	1.034	1.032	1.030	1.028	1.026	1.024	1.022	1.019	1.017
0.31	1.015	1.013	1.011	1.009	1.007	1.005	1.003	1.001	0.999	0.997
0.32	0.994	0.992	0.990	0.988	0.986	0.984	0.982	0.980	0.978	0.976
0.33	0.974	0.972	0.970	0.968	0.966	0.964	0.962	0.960	0.958	0.956
0.34	0.954	0.952	0.950	0.948	0.946	0.944	0.942	0.940	0.938	0.937
0.35	0.935	0.933	0.931	0.929	0.927	0.925	0.923	0.921	0.919	0.917
0.36	0.915	0.913	0.912	0.910	0.908	0.906	0.904	0.902	0.900	0.898
0.37	0.896	0.895	0.893	0.891	0.889	0.887	0.885	0.883	0.882	0.880
0.38	0.878	0.876	0.874	0.872	0.871	0.869	0.867	0.865	0.863	0.861
0.39	0.860	0.858	0.856	0.854	0.852	0.851	0.849	0.847	0.845	0.843
0.40	0.842	0.840	0.838	0.836	0.834	0.833	0.831	0.829	0.827	0.826
0.41	0.824	0.822	0.820	0.819	0.817	0.815	0.813	0.812	0.810	0.808
0.42	0.806	0.805	0.803	0.801	0.800	0.798	0.796	0.794	0.793	0.791

付表2（つづき）

a \ b	0.000	0.001	0.002	0.003	0.004	0.005	0.006	0.007	0.008	0.009
0.43	0.789	0.787	0.786	0.784	0.782	0.781	0.779	0.777	0.776	0.774
0.44	0.772	0.771	0.769	0.767	0.765	0.764	0.762	0.760	0.759	0.757
0.45	0.755	0.754	0.752	0.750	0.749	0.747	0.745	0.744	0.742	0.740
0.46	0.739	0.737	0.736	0.734	0.732	0.731	0.729	0.727	0.726	0.724
0.47	0.722	0.721	0.719	0.718	0.716	0.714	0.713	0.711	0.710	0.708
0.48	0.706	0.705	0.703	0.701	0.700	0.698	0.697	0.695	0.693	0.692
0.49	0.690	0.689	0.687	0.686	0.684	0.682	0.681	0.679	0.678	0.676

a は両側確率 P の小数点以下2桁目まで，b はそれに追加される小数点以下3桁目を示す．

付表3　t-分布における両側確率に対する t の値

両側確率 P \ 自由度	0.5	0.4	0.3	0.2	0.1	0.05	0.04	0.03	0.02	0.01	0.001
1	1	1.376	1.963	3.078	6.314	12.706	15.895	21.205	31.821	63.657	636.619
2	0.816	1.061	1.386	1.886	2.920	4.303	4.849	5.643	6.965	9.925	31.599
3	0.765	0.978	1.250	1.638	2.353	3.182	3.482	3.896	4.541	5.841	12.924
4	0.741	0.941	1.190	1.533	2.132	2.776	2.999	3.298	3.747	4.604	8.610
5	0.727	0.920	1.156	1.476	2.015	2.571	2.757	3.003	3.365	4.032	6.869
6	0.718	0.906	1.134	1.440	1.943	2.447	2.612	2.829	3.143	3.707	5.959
7	0.711	0.896	1.119	1.415	1.895	2.365	2.517	2.715	2.998	3.499	5.408
8	0.706	0.889	1.108	1.397	1.860	2.306	2.449	2.634	2.896	3.355	5.041
9	0.703	0.883	1.100	1.383	1.833	2.262	2.398	2.574	2.821	3.250	4.781
10	0.700	0.879	1.093	1.372	1.812	2.228	2.359	2.527	2.764	3.169	4.587
11	0.697	0.876	1.088	1.363	1.796	2.201	2.328	2.491	2.718	3.106	4.437
12	0.695	0.873	1.083	1.356	1.782	2.179	2.303	2.461	2.681	3.055	4.318
13	0.694	0.870	1.079	1.350	1.771	2.160	2.282	2.436	2.650	3.012	4.221
14	0.692	0.868	1.076	1.345	1.761	2.145	2.264	2.415	2.624	2.977	4.140
15	0.691	0.866	1.074	1.341	1.753	2.131	2.249	2.397	2.602	2.947	4.073
16	0.690	0.865	1.071	1.337	1.746	2.120	2.235	2.382	2.583	2.921	4.015
17	0.689	0.863	1.069	1.333	1.740	2.110	2.224	2.368	2.567	2.898	3.965
18	0.688	0.862	1.067	1.330	1.734	2.101	2.214	2.356	2.552	2.878	3.922
19	0.688	0.861	1.066	1.328	1.729	2.093	2.205	2.346	2.539	2.861	3.883
20	0.687	0.860	1.064	1.325	1.725	2.086	2.197	2.336	2.528	2.845	3.850
30	0.683	0.854	1.055	1.310	1.697	2.042	2.147	2.278	2.457	2.750	3.646
40	0.681	0.851	1.050	1.303	1.684	2.021	2.123	2.250	2.423	2.704	3.551
50	0.679	0.849	1.047	1.299	1.676	2.009	2.109	2.234	2.403	2.678	3.496
60	0.679	0.848	1.045	1.296	1.671	2.000	2.099	2.223	2.390	2.660	3.460
70	0.678	0.847	1.044	1.294	1.667	1.994	2.093	2.215	2.381	2.648	3.435
80	0.678	0.846	1.043	1.292	1.664	1.990	2.088	2.209	2.374	2.639	3.416
90	0.677	0.846	1.042	1.291	1.662	1.987	2.084	2.205	2.368	2.632	3.402
100	0.677	0.845	1.042	1.290	1.660	1.984	2.081	2.201	2.364	2.626	3.390

付表 4　F-分布表（上側 5% 点）

f_1 \ f_2	1	2	3	4	5	6	7	8	9	10	11	12	13	14	15	16	17	18	19	20
1	161.4	199.5	215.7	224.6	230.2	234.0	236.8	238.9	240.5	241.9	243.0	243.9	244.7	245.4	245.9	246.5	246.9	247.3	247.7	248.0
2	18.51	19.00	19.16	19.25	19.30	19.33	19.35	19.37	19.38	19.40	19.40	19.41	19.42	19.42	19.43	19.43	19.44	19.44	19.44	19.45
3	10.13	9.552	9.277	9.117	9.013	8.941	8.887	8.845	8.812	8.786	8.763	8.745	8.729	8.715	8.703	8.692	8.683	8.675	8.667	8.660
4	7.709	6.944	6.591	6.388	6.256	6.163	6.094	6.041	5.999	5.964	5.936	5.912	5.891	5.873	5.858	5.844	5.832	5.821	5.811	5.803
5	6.608	5.786	5.409	5.192	5.050	4.950	4.876	4.818	4.772	4.735	4.704	4.678	4.655	4.636	4.619	4.604	4.590	4.579	4.568	4.558
6	5.987	5.143	4.757	4.534	4.387	4.284	4.207	4.147	4.099	4.060	4.027	4.000	3.976	3.956	3.938	3.922	3.908	3.896	3.884	3.874
7	5.591	4.737	4.347	4.120	3.972	3.866	3.787	3.726	3.677	3.637	3.603	3.575	3.550	3.529	3.511	3.494	3.480	3.467	3.455	3.445
8	5.318	4.459	4.066	3.838	3.687	3.581	3.500	3.438	3.388	3.347	3.313	3.284	3.259	3.237	3.218	3.202	3.187	3.173	3.161	3.150
9	5.117	4.256	3.863	3.633	3.482	3.374	3.293	3.230	3.179	3.137	3.102	3.073	3.048	3.025	3.006	2.989	2.974	2.960	2.948	2.936
10	4.965	4.103	3.708	3.478	3.326	3.217	3.135	3.072	3.020	2.978	2.943	2.913	2.887	2.865	2.845	2.828	2.812	2.798	2.785	2.774
11	4.844	3.982	3.587	3.357	3.204	3.095	3.012	2.948	2.896	2.854	2.818	2.788	2.761	2.739	2.719	2.701	2.685	2.671	2.658	2.646
12	4.747	3.885	3.490	3.259	3.106	2.996	2.913	2.849	2.796	2.753	2.717	2.687	2.660	2.637	2.617	2.599	2.583	2.568	2.555	2.544
13	4.667	3.806	3.411	3.179	3.025	2.915	2.832	2.767	2.714	2.671	2.635	2.604	2.577	2.554	2.533	2.515	2.499	2.484	2.471	2.459
14	4.600	3.739	3.344	3.112	2.958	2.848	2.764	2.699	2.646	2.602	2.565	2.534	2.507	2.484	2.463	2.445	2.428	2.413	2.400	2.388
15	4.543	3.682	3.287	3.056	2.901	2.790	2.707	2.641	2.588	2.544	2.507	2.475	2.448	2.424	2.403	2.385	2.368	2.353	2.340	2.328
16	4.494	3.634	3.239	3.007	2.852	2.741	2.657	2.591	2.538	2.494	2.456	2.425	2.397	2.373	2.352	2.333	2.317	2.302	2.288	2.276
17	4.451	3.592	3.197	2.965	2.810	2.699	2.614	2.548	2.494	2.450	2.413	2.381	2.353	2.329	2.308	2.289	2.272	2.257	2.243	2.230
18	4.414	3.555	3.160	2.928	2.773	2.661	2.577	2.510	2.456	2.412	2.374	2.342	2.314	2.290	2.269	2.250	2.233	2.217	2.203	2.191
19	4.381	3.522	3.127	2.895	2.740	2.628	2.544	2.477	2.423	2.378	2.340	2.308	2.280	2.256	2.234	2.215	2.198	2.182	2.168	2.155
20	4.351	3.493	3.098	2.866	2.711	2.599	2.514	2.447	2.393	2.348	2.310	2.278	2.250	2.225	2.203	2.184	2.167	2.151	2.137	2.124
30	4.171	3.316	2.922	2.690	2.534	2.421	2.334	2.266	2.211	2.165	2.126	2.092	2.063	2.037	2.015	1.995	1.976	1.960	1.945	1.932
40	4.085	3.232	2.839	2.606	2.449	2.336	2.249	2.180	2.124	2.077	2.038	2.003	1.974	1.948	1.924	1.904	1.885	1.868	1.853	1.839
50	4.034	3.183	2.790	2.557	2.400	2.286	2.199	2.130	2.073	2.026	1.986	1.952	1.921	1.895	1.871	1.850	1.831	1.814	1.798	1.784
60	4.001	3.150	2.758	2.525	2.368	2.254	2.167	2.097	2.040	1.993	1.952	1.917	1.887	1.860	1.836	1.815	1.796	1.778	1.763	1.748
70	3.978	3.128	2.736	2.503	2.346	2.231	2.143	2.074	2.017	1.969	1.928	1.893	1.863	1.836	1.812	1.790	1.771	1.753	1.737	1.722
80	3.960	3.111	2.719	2.486	2.329	2.214	2.126	2.056	1.999	1.951	1.910	1.875	1.845	1.817	1.793	1.772	1.752	1.734	1.718	1.703
90	3.947	3.098	2.706	2.473	2.316	2.201	2.113	2.043	1.986	1.938	1.897	1.861	1.830	1.803	1.779	1.757	1.737	1.720	1.703	1.688
100	3.936	3.087	2.696	2.463	2.305	2.191	2.103	2.032	1.975	1.927	1.886	1.850	1.819	1.792	1.768	1.746	1.726	1.708	1.691	1.676

付表 5　F-分布表（上側 1%点）

f_2 \ f_1	1	2	3	4	5	6	7	8	9	10	11	12	13	14	15	16	17	18	19	20
1	4052	5000	5403	5625	5764	5859	5928	5981	6022	6056	6083	6106	6126	6143	6157	6170	6181	6192	6201	6209
2	98.50	99.00	99.17	99.25	99.30	99.33	99.36	99.37	99.39	99.40	99.41	99.42	99.42	99.43	99.43	99.44	99.44	99.44	99.45	99.45
3	34.12	30.82	29.46	28.71	28.24	27.91	27.67	27.49	27.35	27.23	27.13	27.05	26.98	26.92	26.87	26.83	26.79	26.75	26.72	26.69
4	21.20	18.00	16.69	15.98	15.52	15.21	14.98	14.80	14.66	14.55	14.45	14.37	14.31	14.25	14.20	14.15	14.11	14.08	14.05	14.02
5	16.26	13.27	12.06	11.39	10.97	10.67	10.46	10.29	10.158	10.051	9.963	9.888	9.825	9.770	9.722	9.680	9.643	9.610	9.580	9.553
6	13.75	10.92	9.780	9.148	8.746	8.466	8.260	8.102	7.976	7.874	7.790	7.718	7.657	7.605	7.559	7.519	7.483	7.451	7.422	7.396
7	12.25	9.547	8.451	7.847	7.460	7.191	6.993	6.840	6.719	6.620	6.538	6.469	6.410	6.359	6.314	6.275	6.240	6.209	6.181	6.155
8	11.26	8.649	7.591	7.006	6.632	6.371	6.178	6.029	5.911	5.814	5.734	5.667	5.609	5.559	5.515	5.477	5.442	5.412	5.384	5.359
9	10.56	8.022	6.992	6.422	6.057	5.802	5.613	5.467	5.351	5.257	5.178	5.111	5.055	5.005	4.962	4.924	4.890	4.860	4.833	4.808
10	10.04	7.559	6.552	5.994	5.636	5.386	5.200	5.057	4.942	4.849	4.772	4.706	4.650	4.601	4.558	4.520	4.487	4.457	4.430	4.405
11	9.646	7.206	6.217	5.668	5.316	5.069	4.886	4.744	4.632	4.539	4.462	4.397	4.342	4.293	4.251	4.213	4.180	4.150	4.123	4.099
12	9.330	6.927	5.953	5.412	5.064	4.821	4.640	4.499	4.388	4.296	4.220	4.155	4.100	4.052	4.010	3.972	3.939	3.909	3.883	3.858
13	9.074	6.701	5.739	5.205	4.862	4.620	4.441	4.302	4.191	4.100	4.025	3.960	3.905	3.857	3.815	3.778	3.745	3.716	3.689	3.665
14	8.862	6.515	5.564	5.035	4.695	4.456	4.278	4.140	4.030	3.939	3.864	3.800	3.745	3.698	3.656	3.619	3.586	3.556	3.529	3.505
15	8.683	6.359	5.417	4.893	4.556	4.318	4.142	4.004	3.895	3.805	3.730	3.666	3.612	3.564	3.522	3.485	3.452	3.423	3.396	3.372
16	8.531	6.226	5.292	4.773	4.437	4.202	4.026	3.890	3.780	3.691	3.616	3.553	3.498	3.451	3.409	3.372	3.339	3.310	3.283	3.259
17	8.400	6.112	5.185	4.669	4.336	4.102	3.927	3.791	3.682	3.593	3.519	3.455	3.401	3.353	3.312	3.275	3.242	3.212	3.186	3.162
18	8.285	6.013	5.092	4.579	4.248	4.015	3.841	3.705	3.597	3.508	3.434	3.371	3.316	3.269	3.227	3.190	3.158	3.128	3.101	3.077
19	8.185	5.926	5.010	4.500	4.171	3.939	3.765	3.631	3.523	3.434	3.360	3.297	3.242	3.195	3.153	3.116	3.084	3.054	3.027	3.003
20	8.096	5.849	4.938	4.431	4.103	3.871	3.699	3.564	3.457	3.368	3.294	3.231	3.177	3.130	3.088	3.051	3.018	2.989	2.962	2.938
30	7.562	5.390	4.510	4.018	3.699	3.473	3.304	3.173	3.067	2.979	2.906	2.843	2.789	2.742	2.700	2.663	2.630	2.600	2.573	2.549
40	7.314	5.179	4.313	3.828	3.514	3.291	3.124	2.993	2.888	2.801	2.727	2.665	2.611	2.563	2.522	2.484	2.451	2.421	2.394	2.369
50	7.171	5.057	4.199	3.720	3.408	3.186	3.020	2.890	2.785	2.698	2.625	2.562	2.508	2.461	2.419	2.382	2.348	2.318	2.290	2.265
60	7.077	4.977	4.126	3.649	3.339	3.119	2.953	2.823	2.718	2.632	2.559	2.496	2.442	2.394	2.352	2.315	2.281	2.251	2.223	2.198
70	7.011	4.922	4.074	3.600	3.291	3.071	2.906	2.777	2.672	2.585	2.512	2.450	2.395	2.348	2.306	2.268	2.234	2.204	2.176	2.150
80	6.963	4.881	4.036	3.563	3.255	3.036	2.871	2.742	2.637	2.551	2.478	2.415	2.361	2.313	2.271	2.233	2.199	2.169	2.141	2.115
90	6.925	4.849	4.007	3.535	3.228	3.009	2.845	2.715	2.611	2.524	2.451	2.389	2.334	2.286	2.244	2.206	2.172	2.142	2.114	2.088
100	6.895	4.824	3.984	3.513	3.206	2.988	2.823	2.694	2.590	2.503	2.430	2.368	2.313	2.265	2.223	2.185	2.151	2.120	2.092	2.067

索引

欧文

CDF 20
F 境界値 62
F-分布 61
PDCA サイクル 5
PDF 20
t-分布 58
x 切片 126
y 切片 128

あ 行

一元配置 89
因子 86

か 行

外挿 117
確率関数 14
確率分布 12
確率変数 13
確率密度関数 20
片側確率 56
片側検定 80
かたより 6
頑健性 17
完全相関 37
ガンマ関数 47

棄却 68
危険率 70
規準正規分布 53
期待値 13
帰無仮説 68
逆推定 122

級 87
級間分散 88
級間変動 93
級内分散 88
級内変動 93

区間推定 65
矩形分布 22

計測 3
計測管理 3
検出力 71
検定 67

校正 6
誤差構造モデル式 89
誤差の伝播則 45

さ 行

最小二乗法 110
最小値 18
最大値 18
採択 68
最頻値 18
三角分布 50
残差 28, 109
　——の2乗和 28, 109
　——の標本分散 111
　——の母分散 111
散布図 40
サンプル 9

自由度 31
出力量 43

真の値　148
信頼限界　65
信頼水準　65

水準　87

正規分布　52
正の相関　36
ゼロ仮説　68
全平均　92
全変動　92

相関　36
相対標準偏差　32
測定　3
　　——のモデル式　43

た　行

第1種の誤り　70
台形分布　143
第2種の誤り　70
対立仮説　68

中央値　17
中心極限定理　58

(量の)定義　4
伝播則　45
　　誤差の——　45
　　不確かさの——　45

独立　36

な　行

内挿　117

入力量　43

は　行

破壊試験　106
ばらつき　6

標準正規分布　53

標準添加法　126
標本　9
標本共分散　38
標本相関係数　38
標本標準偏差　32
　　——の標準偏差　81
標本分散　28
　　残差の——　111
標本平均　9
　　——の標本標準偏差　33
　　——の母分散　27

不確かさの伝播則　45
負の相関　36
不偏推定量　17
不偏分散　30
ブランク　130
プール　99
分散　24
　　——の加法性　26
分散比　61
分散分析表　94
分布関数　20

ベータ関数　61
偏差　24
変動　28
変動係数　32

母共分散　38
母集団　9
母数　9
母相関係数　39
母標準偏差　24
母分散　24
　　残差の——　111
母平均　9

ま　行

メジアン　17

モード　18

や　行

有意　70
有意差　70
有意水準　70
有効　145
有効推定量　145

ら　行

ランダム化　2, 106

離散分布　13
両側確率　56
両側検定　80

累積分布関数　20

連続分布　13

著者略歴

田中　秀幸（たなか　ひでゆき）

2000 年　筑波大学大学院工学研究科修了
現　在　独立行政法人　産業技術総合研究所
　　　　計測標準研究部門
　　　　計量標準システム科
　　　　計量標準基盤研究室　主任研究員
　　　　博士（工学）

協力者略歴

高津　章子（たかつ　あきこ）

1984 年　東京大学大学院理学系研究科修了
現　在　独立行政法人　産業技術総合研究所
　　　　計測標準研究部門
　　　　総括研究主幹
　　　　有機分析科長（兼）
　　　　バイオメディカル標準研究室長（兼）
　　　　薬学博士

分析・測定データの統計処理
―分析化学データの扱い方―

定価はカバーに表示

2014 年 9 月 25 日　初版第 1 刷
2022 年 11 月 25 日　　　第 4 刷

　　　著　者　田　中　秀　幸
　　　協力者　高　津　章　子
　　　発行者　朝　倉　誠　造
　　　発行所　株式会社　朝　倉　書　店

東京都新宿区新小川町 6-29
郵便番号　162-8707
電話　03(3260)0141
FAX　03(3260)0180
https://www.asakura.co.jp

〈検印省略〉

© 2014〈無断複写・転載を禁ず〉　　　　　真興社・渡辺製本

ISBN 978-4-254-12198-8　C 3041　　　Printed in Japan

JCOPY <出版者著作権管理機構　委託出版物>

本書の無断複写は著作権法上での例外を除き禁じられています．複写される場合は，そのつど事前に，出版者著作権管理機構（電話 03-5244-5088, FAX 03-5244-5089, e-mail: info@jcopy.or.jp）の許諾を得てください．

好評の事典・辞典・ハンドブック

数学オリンピック事典	野口 廣 監修	B5判 864頁
コンピュータ代数ハンドブック	山本 慎ほか 訳	A5判 1040頁
和算の事典	山司勝則ほか 編	A5判 544頁
朝倉 数学ハンドブック［基礎編］	飯高 茂ほか 編	A5判 816頁
数学定数事典	一松 信 監訳	A5判 608頁
素数全書	和田秀男 監訳	A5判 640頁
数論＜未解決問題＞の事典	金光 滋 訳	A5判 448頁
数理統計学ハンドブック	豊田秀樹 監訳	A5判 784頁
統計データ科学事典	杉山高一ほか 編	B5判 788頁
統計分布ハンドブック（増補版）	蓑谷千凰彦 著	A5判 864頁
複雑系の事典	複雑系の事典編集委員会 編	A5判 448頁
医学統計学ハンドブック	宮原英夫ほか 編	A5判 720頁
応用数理計画ハンドブック	久保幹雄ほか 編	A5判 1376頁
医学統計学の事典	丹後俊郎ほか 編	A5判 472頁
現代物理数学ハンドブック	新井朝雄 著	A5判 736頁
図説ウェーブレット変換ハンドブック	新 誠一ほか 監訳	A5判 408頁
生産管理の事典	圓川隆夫ほか 編	B5判 752頁
サプライ・チェイン最適化ハンドブック	久保幹雄 著	B5判 520頁
計量経済学ハンドブック	蓑谷千凰彦ほか 編	A5判 1048頁
金融工学事典	木島正明ほか 編	A5判 1028頁
応用計量経済学ハンドブック	蓑谷千凰彦ほか 編	A5判 672頁

価格・概要等は小社ホームページをご覧ください．